EL CÍRCULO ROTO

LECTURAS **54** MEXICANAS

Lecturas Mexicanas divulga en ediciones de grandes ti-
radas y precio reducido, obras relevantes de las letras, la
historia, la ciencia, las ideas y el arte de nuestro país.

ELÍAS TRABULSE

El círculo roto

Secretaría de Educación Pública
CULTURA sep

Primera edición en sep/80, 1982
Primera edición en Lecturas Mexicanas, 1984

ISBN 968-16-1723-1

Impreso en México

A man may know exactly all the circles and ellipses of the Copernican system, and all the irregular spirals of the Ptolomaic, without perceiving that the former is more beautiful than the latter. Euclid has fully explained every quality of the circle, but has not, in any proposition, said a word of its beauty. The reason is evident. Beauty is not a quality of the circle. It lies not in any part of the line, whose parts are all equally distant from a common centre. It is only the effect, which that figure produces upon a mind, whose particular fabric or structure renders it susceptible of such sentiments. In vain would you look for it in the circle, or seek it, either by your senses, or by mathematical reasonings, in all the properties of that figure.

Un hombre puede conocer exactamente todos los círculos y elipses del sistema Copernicano, y todas las espirales irregulares del Ptolomaico, sin percibir que el primero es más bello que el segundo. Euclides ha explicado completamente toda cualidad del círculo, pero en ninguna de sus proposiciones dijo una palabra sobre su belleza. La razón es evidente. La belleza no es una cualidad del círculo. No yace en ninguna parte de la línea cuyas partes son todas equidistantes de un centro común. Es sólo el efecto que esa figura provoca en una mente cuya trama o estructura particulares la hacen susceptible de tales sensaciones. En vano se buscaría o se intentaría obtenerla en el círculo, ya por medio de los sentidos, o por razonamientos matemáticos, en todas las propiedades de esa figura.

David Hume, Ensayos

ADVERTENCIA

Los trabajos aquí reunidos abordan temas de historia de la ciencia y la tecnología en México. Fueron publicados en diversas revistas y han sido ampliados y corregidos para esta compilación. Los nuevos estudios monográficos que siguen a la introducción general versan específicamente sobre el desarrollo de las ciencias exactas en nuestro país; tres de ellos están consagrados a la ciencia del siglo XVII, otros tres a la del XVIII y los tres últimos a diversos aspectos de la tecnología colonial.

I. PERSPECTIVAS DE LA HISTORIA DE LA CIENCIA Y LA TECNOLOGÍA EN MÉXICO *

La historia de la ciencia y la tecnología en México es una disciplina relativamente reciente dentro de los estudios historiográficos en nuestro país. A pesar de algunos intentos pioneros de finales del siglo pasado y de principios de éste [1] es evidente que pocas veces

* *Nexos*, 49 (enero de 1982), pp. 31-35.

[1] De hecho, el primer intento de recapitular los logros de la ciencia mexicana, de evaluarlos e incorporarlos a la gran corriente de la historia de la ciencia universal, fue debida a Humboldt, quien en su *Ensayo político sobre el Reino de la Nueva España*, en su *Cosmos* y en varias partes del *Viaje a las regiones equinocciales* consagró amplias secciones a esos temas. Esto no quiere decir que antes del barón alemán no hubiesen existido intentos de valorar las obras de nuestros hombres de ciencia, como es el caso de la *Bibliotheca* (1755) de Eguiara y Eguren o de las *Tardes americanas* (1778) de Granados y Gálvez, pero estas obras, puramente descriptivas, no intentaron profundizar en el alcance e importancia de las contribuciones y redujeron su enfoque al desarrollo científico de la Nueva España solamente sin procurar vincularlo a la evolución universal de la ciencia. En cambio, con la obra de Humboldt, la ciencia mexicana apareció por vez primera como un conjunto de aportaciones coherentes y valiosas ante los hombres de ciencia europeos. Es por ello que en base a esa y a otras contribuciones George Sarton no dudó en colocar a dicho autor entre los fundadores de la historiografía de la ciencia clásica. (Véase: Jaime Labastida, *Humboldt, ese desconocido*, Secretaría de Edu-

se ha emprendido su estudio en forma sistemática y global[2] aunque cabe mencionar que contamos con un nutrido conjunto de estudios bibliográficos y biográficos de los principales científicos del periodo que corre de la Conquista hasta nuestros días,[3] así como de un no pequeño número de estudios monográficos que cubren aspectos de la ciencia y de la tecnología desde la época prehispánica hasta el presente. En contraste con la historiografía política o económica de México, la historia a la que aquí nos referimos no posee la riqueza historiográfica ni la abundancia de interpretaciones que caracterizan a aquéllas, a pesar de que es evidente que actualmente ya no podemos subestimar la impor-

cación Pública, México, 1975, SepSetentas, pp. 9-10 y 63-69; George Sarton, *La vida de la ciencia*, Espasa Calpe, Buenos Aires, 1952, pp. 31-32). Al trabajo pionero de Humboldt podemos añadir, ya a fines del siglo XIX y principios del XX los de Porfirio Parra (general), Orozco y Berra (geografía y cartografía), Nicolás León (obstetricia, botánica), Flores (medicina), etcétera.

[2] Elías Trabulse, *Historia de la ciencia en México*, Fondo de Cultura Económica, México, 1983; Eli de Gortari, *La ciencia en la historia de México*, Fondo de Cultura Económica, México, 1963; José Bravo Ugarte, *La ciencia en México*, Jus, México, 1967; *Memorias del primer coloquio mexicano de historia de la ciencia*, Sociedad mexicana de historia de la ciencia y la tecnología, México, 1964.

[3] Algunos de los estudios bibliográficos más importantes son los de Santillán (general), Olaguibel (botánica), Guerra (medicina, farmacia), León (obstetricia, botánica y matemáticas), Ocampo (fisiología), Rojas y Avendaño (medicina), Valle (cirugía), Van Patten (medicina), Karpinski (matemáticas), Iguiniz (astronomía), Aguilar y Santillán (meteorología, geología y minería). En cuanto a los estudios biográficos citaremos los de Icazbalceta, Gallo, Arróniz, Sosa, Oviedo y Romero, Pimentel y Agüeros de la Portilla entre muchos otros.

10

tancia de la ciencia y la técnica en el desarrollo del país ni pasar por alto su influencia en los aspectos sociales, económicos y políticos, desde los tiempos en que era una colonia de España hasta el presente;[4] ya que, aunque es obvio que los ritmos históricos de la ciencia y la tecnología no coinciden por lo general con los otros ritmos del acontecer histórico, pues su evolución está señalada por periodos de larga duración en patente contraste, por ejemplo, con la evolución política, no es menos cierto que sus efectos son tan profundos y perdurables como los de ésta última y en algunos casos aún más.[5]

Varias son las vías de acceso, muchas de ellas prácticamente inexploradas, que tenemos para acercarnos al desenvolvimiento de la ciencia y de la tecnología mexicanas. Ellas son: *1)* El estudio de las interacciones entre las diversas ciencias sobre todo en la época colonial, antes del periodo de especialización que caracteriza al siglo xx.[6] 2) El análisis de las relaciones. primero entre la ciencia y la sociedad y segundo entre la

[4] En este sentido podemos mencionar los trabajos de Chávez Orozco, Mendizábal, Bazant, Cardoso, Florescano, Semo, Barbosa Ramírez, Cosío Villegas, Brading, Cue Canovas, López Cámara y Solís.

[5] Según Sarton, a quien han seguido varios autores, la historia esencial de la humanidad es la historia de la ciencia y de la técnica; y la historia visible ahora (política, social o económica) es sólo el escenario local de aquella historia oculta y ecuménica.

[6] Nos referimos en particular a los *Corpus* de carácter enciclopédico principalmente de los siglos xvi y xvii que bajo un solo rubro, el de "microcosmos", trataban la botánica, la zoología, la antropología, la geología, la meteorología, la física y la química; y bajo el de "macrocosmos", la astronomía y el sistema del mundo.

tecnología y la sociedad en la que ambas se desenvuelven.[7] 3) El estudio de las interrelaciones entre ciencia, tecnología y economía.[8] 4) El estudio de las interacciones entre las ciencias, las técnicas y las humanidades.[9]

A todo esto debemos de añadir la necesidad que existe de vincular el desarrollo científico de México a la historia general de la ciencia y de analizar su evolución técnica e industrial en el amplio marco de su desenvolvimiento en los países colonialistas de los siglos xv al xx.[10]

Para emprender tan vasto plan de trabajo, contamos con los elementos metodológicos tradicionales de la

[7] La historia social de la ciencia ha recibido en los dos últimos decenios un notable impulso gracias sobre todo a los estudios de Bernal, Kuhn, Crowther, Butterfield, Nef y otros. De una u otra forma todos ellos son deudores de los análisis marxistas sobre este tema.

[8] En buena medida todavía resultan valederos los planteamientos marxistas sobre este punto, principalmente como aparecen expuestos en los manuscritos v, xix y xx de la *Contribución a la crítica de la economía política*. Véase: Karl Marx, *Capital y tecnología. Manuscritos inéditos (1861-1863)*, Ed. de Piero Bolchini, Terra Nova, México, 1980.

[9] Dos ejemplos notables de este tipo de análisis son los de Wylie Sypher(*Literatura y tecnología. La visión enajenada*, Fondo de Cultura Económica, México, 1974) y el de Harold C. Cassidy (*Las ciencias y las artes*, Taurus, Madrid, 1964).

[10] *Historical Background of Mexico's Scientific and Technological System*, El Colegio de México, México, STPI-México, DOC. MCT/1, mayo 1971, 33 pp. Sobre transferencias de tecnología y el desarrollo económico, educativo y técnico de México, véase: Víctor L. Urquidi y Adrián Lajous Vargas, *Educación Superior, Ciencia y Tecnología en el Desarrollo económico de México. Un estudio preliminar*, El Colegio de México, México, 1969, pp. 5-27.

12

historiografía positivista de la ciencia, la cual propugna por aplicar los bien conocidos procedimientos de la historia científica a los bien conocidos hechos de la ciencia y de la tecnología, en busca de la línea progresiva que muestre la acumulación paulatina de las experiencias y los datos científicos que actuaron en un momento dado modificando la realidad concreta por medio de la técnica.[11] Esto nos permitirá exponer los aspectos primordiales de esa historia que podemos clasificar de la siguiente forma.[12]

A) *Aspectos externos:*

1. La difusión de las ciencias y de las técnicas.
2. La evolución de la educación científica y tecnológica.

[11] George Sarton, *Ensayos de historia de la ciencia*, UTEHA, México, 1968, pp. 6-10. Sarton hace una clara distinción entre la historia de la ciencia y la de la tecnología, tanto por su método como en el tipo de materiales que una y otra utilizan, aunque señala que la vinculación entre ambas es evidente a pesar de que, en primera etapa, las ciencias abstractas ejerzan poca influencia en el desenvolvimiento tecnológico. Aunque nosotros optamos por abordar ambas historias simultáneamente a efecto de señalar sus puntos coincidentes y sus diferencias, concordamos con dicho autor en señalar la necesidad de enfoques independientes que no excluyan mostrar sus vinculaciones. El apartado iii de este estudio está destinado a poner de relieve algunos de los puntos característicos y privativos de la historiografía de las "ciencias puras".

[12] En la *Introducción* a la colección de ensayos titulada *The Rise of Modern Science. Internal or External Factors?* (Lexington, D. C. Heath and Co., 1968), George Basalla ha señalado en relación específica al movimiento científico de los siglos xvi y xvii algunos de los puntos aquí indicados por nosotros.

3. La institucionalización de la ciencia.
4. La inclusión de zonas del país cuyo desarrollo científico o técnico ha sido poco estudiado.
5. Las sociedades científicas y tecnológicas.

B) *Aspectos internos:*

1. El estudio de las creencias científicas de las diversas comunidades de hombres de ciencia a lo largo del periodo histórico que se analiza.
2. La revalorización de paradigmas científicos envejecidos y del tipo de mentalidad que los sustentó.
3. La inclusión en una historia global de todos los hombres de ciencia que hubieren desempeñado algún papel, aunque fuese secundario, en este desarrollo.
4. La influencia de las "ciencias puras" sobre las "ciencias aplicadas".

Entre la multitud de fuentes históricas a las cuales podemos acudir para reconstruir esa historia podemos mencionar: los textos científicos y técnicos mismos, sean impresos o manuscritos; los documentos de archivo, en particular los pertenecientes a los ramos donde aparece este tipo de información; la correspondencia particular de los científicos, las crónicas históricas, las publicaciones periódicas, los catálogos bibliográficos y diversos tipos de manuales.[13] En esta labor de recons-

[13] De los varios manuales o guías existentes nos reduciremos a mencionar los siguientes: German Somolinos d'Ardois, "Historia de la Ciencia", en "Veinticinco años de investigación histórica en México, *Historia mexicana*, 58-59, octubre 1965-marzo 1966, vol. xv, núms. 2-3, pp. 269-290; Enrique Beltrán, "Fuen-

14

trucción del pasado científico y tecnológico, no son pocas las limitaciones con que se topa el historiador, las que a menudo lo obligan a detenerse en la pura compilación bibliográfica sin adentrarse en el examen crítico y analítico de los textos, lo que le permitiría ubicarlos en un contexto más amplio. Ésta ha sido una sensible limitación de este tipo de estudios en nuestro país que ha originado que la mayoría de los trabajos de historia de la ciencia o de la técnica adolezcan de enfoques críticos y exegéticos quedando reducidos a simples enumeraciones descriptivas carentes de significado. A pesar de estas limitaciones, actualmente ya es posible determinar algunas de las características de la ciencia y la tecnología mexicanas en el periodo que corre de la conquista al año de 1910 y que señalaremos a continuación en forma sucinta.

Al investigador que haya abordado el estudio de la ciencia y la tecnología mexicanas, le resulta evidente que estas tienen una sólida tradición, es decir, una *continuidad* temporal que vincula las diferentes épocas del desenvolvimiento particular de cada una de ellas. Sin embargo, no es fácil determinar los puntos de enlace de dichas etapas debido al carácter heterogéneo que poseen, tanto desde el punto de vista de las ideas científicas como de los cambios tecnológicos. Es por

tes mexicanas en la historia de la ciencia", *Anales de la Sociedad Mexicana de Historia de la Ciencia y la Tecnología* (México), II, 1970, pp. 57-115. De carácter más general pueden resultar útiles: Richard E. Greenleaf and Michael C. Meyer (compiladores y editores), *Research in Mexican History*, Lincoln, University of Nebraska Press, 1973; Agustín Millares Carlo, *Repertorio bibliográfico*, UNAM, México, 1959.

esto que resulta imperativo emprender sendas periodizaciones, primero de la ciencia y posteriormente de la tecnología mexicanas que tomen como base hechos o sucesos que se refieran específicamente a la ciencia o a la tecnología, es decir, a los derivados del conjunto de paradigmas científicos o de innovaciones técnicas aceptados por una comunidad determinada y no, como se ha venido haciendo, tomando como referencia factores extra-científicos que, lógicamente, fijarán acotaciones artificiales con poca o ninguna relación con la ciencia o la tecnología.[14]

[14] Desde el punto de vista de la historia de la ciencia y la tecnología, no deja de resultar inexplicable el utilizar en las periodizaciones acotaciones que tengan que ver con acontecimientos políticos, sociales, religiosos o culturales. Este defecto ha imperado en nuestras obras historiográficas que han abordado periodos tales como los de la técnica renacentista, la ciencia ilustrada o la ciencia positivista. Es necesario volver a replantear esas periodizaciones tomando como base las *innovaciones técnicas* que se van introduciendo (por ejemplo, el uso de la fuerza hidráulica, el proceso de amalgamación en metalurgia de la plata, el uso de modernos cuadrantes en agrimensura, el empleo del barómetro, termómetro e higrómetro en meteorología, la introducción de bombas aspirantes en minería, el uso de cronómetros en astronomía, el empleo del telescopio y del microscopio simples y modificados, la introducción de la máquina de vapor, el empleo de nuevos procesos químicos en la producción industrial, el uso de la fuerza eléctrica, la introducción del telégrafo y del teléfono, el empleo de motores de combustión interna, etc.), o bien la aceptación y difusión de las nuevas *teorías científicas* (aceptación del heliocentrismo, de la anatomía vesaliana, de la circulación de la sangre, de las nuevas taxonomías botánicas y zoológicas, de las nuevas interpretaciones químicas en los procesos de metalurgia, de las nuevas técnicas de análisis hidrológico, de los nuevos métodos de medición moderna, de la nomenclatura química, de la teoría de los gases, de la teoría atómica, de

16

Los periodos que le hemos fijado a la CIENCIA mexicana en el periodo arriba señalado (y que no excluyen la posibilidad de marcar subperiodos en cada uno de ellos) pueden quedar establecidos como sigue: [15] 1521-1580: aclimatación de la ciencia europea medieval y renacentista. Estudios botánicos, zoológicos, geográficos, médicos, etnográficos y metalúrgicos. 1580-1630: aparición de los primeros textos de ciencias elaborados en México: estudios astronómicos, botánicos y zoológicos. 1630-1680: cambio en los intereses científicos. Primeros textos de ciencia moderna. Estudios matemáticos, astronómicos y geográficos. 1680-1750: Lenta difusión de las teorías modernas. Estudios matemáticos, astronómicos y geográficos. 1750-1810: Aceptación paulatina de las nuevas teorías taxonómicas y mecanicistas y triunfo de estas últimas al finalizar el siglo. Estudios botánicos, zoológicos, médicos, químicos, metalúrgicos, geológicos, astronómicos, físicos, geográficos y estadísticos. 1810-1850: supervivencias ilustradas. Imperceptible cambio en los intereses científicos. Estudios botánicos, zoológicos, médicos, mineralógicos y geológicos. 1850-1910: impulso positivista. Especialización. Aportes en botánica, zoología, medicina, geología, pa-

las teorías microbiológicas, de la teoría ondulatoria de la luz, de los principios de la química orgánica, de las leyes de la electricidad, de la evolución y de las nuevas teorías cosmogónicas). Sólo de esta manera podremos fijar los puntos de enlace entre los periodos y subperiodos que caracterizan a las historias de la tecnología y de la ciencia en México.

[15] Hemos indicado en cada periodo el tipo de estudios científicos que fueron cultivados con mayor empeño en cada uno de ellos. Obviamente estos reflejan la situación de aceptación o rechazo de los paradigmas científicos, tal como los expondremos más adelante.

leontología, evolución, antropología, química, física, metalurgia, geografía, estadística y astronomía.[16]

En cuanto a la TECNOLOGÍA la periodización (que también requiere la fijación de subperiodos) cuenta con menos etapas. Estas son: 1521-1750: adopción y utilización de las técnicas tradicionales europeas en agricultura, agrimensura, minería, metalurgia, náutica, urbanismo, ingeniería civil e hidráulica, acuñación, farmacoterapia, cartografía y artes industriales. Utilización de fuerzas motrices tradicionales, básicamente hidráulica y animal. 1750-1830: intentos innovadores en las técnicas metalúrgicas de plata en base a los nuevos procesos químicos. Adopción de la máquina de vapor. Tentativas poco exitosas de mecanización industrial, sobre todo en el ramo textil. 1830-1880: modificaciones en algunos de los procedimientos metalúrgicos. Mecanización de las industrias textil, tabacalera y papelera. 1880-1910: auge de las industrias de extracción. Adopción del proceso de cianuración en el beneficio de la plata. Adopción de la fuerza hidroeléctrica y de los motores de combustión interna. Ferrocarriles y caminos. Mecanización industrial moderna en la producción de papel, azúcar, curtidos, tabaco, textiles, colorantes, hierro y otros minerales.

Ahora bien, no siempre existe una clara correlación temática entre los periodos de la ciencia y los de la tecnología aquí señalados. Daremos algunos ejemplos. Para buena parte de la época colonial podemos establecer algunos vínculos entre el desarrollo de la matemática [17]

---

[16] Trabulse, *op. cit.*, *passim*.

[17] Es evidente que las matemáticas son un buen índice para conocer el avance científico de México y de cualquier otro país en un momento determinado; no sólo bajo la forma de matemáticas

y la astronomía con el de la náutica, la cartografía, la ingeniería y la agrimensura; de la botánica con la farmacoterapia y de la química con la metalurgia; y, para el siglo xix, de la geología con las industrias extractivas, de la química con la metalurgia, y de la física con la adopción de fuentes térmicas o eléctricas de energía. Pero en todos los casos, es necesario señalar que, en la práctica, las "ciencias puras" actuaron independientemente de las "aplicadas" y que sólo tras muchas tentativas resultaba posible pasar de la práctica de gabinete o de laboratorio a la aplicación técnica en escala mayor.[18] Buena parte de la historia científica y tecnológica de México está caracterizada por esta desvinculación inicial entre ambas; hecho que no es privativo de nuestro país, ya que por lo general, hasta fines del siglo xix, en todos los lugares donde existían comunidades cien-

puras sino también aplicadas. El cultivo de que éstas fueron objeto en el siglo xvii mexicano y que corresponde a un cierto auge en los estudios astronómicos es clara prueba de esta aseveración. Sin duda la figura central de este periodo fue el matemático y astrónomo fray Diego Rodríguez. Véase: Elías Trabulse, "Un científico mexicano del siglo xvii: fray Diego Rodríguez y su obra", *Historia Mexicana*, xxiv, 1, (1974), pp. 36-69.

[18] El primer intento serio de vincular el desarrollo científico al progreso tecnológico, se dio hasta el primer tercio del siglo xviii, cuando fueron cuestionadas las ancestrales y obsoletas técnicas del desagüe de minas empleadas en la Nueva España y fueron propuestos nuevos arbitrios de desagüe apoyados en los datos de la ciencia moderna. En este sentido es interesante señalar la obra del matemático poblano Juan Antonio de Mendoza y González. En el último tercio del siglo xviii Alzate retomará la crítica y propondrá nuevas soluciones. Sin embargo, la noción ilustrada de "ciencia aplicada" como sucedánea de la "ciencia pura", se dio ya en México en la primera mitad del siglo xviii.

tíficas activas, era una realidad que las *ciencias
abstractas* entraron pocas veces en contacto directo con
las innovaciones técnicas.[19] Sin embargo, son estas *ciencias puras* las que forman la columna vertebral de
cualquier historia de la ciencia y la tecnología. Es por
ello que dada su importancia, en el siguiente apartado
intentaremos señalar algunos de los lineamientos de su
desenvolvimiento en México en el lapso de tiempo a
que nos hemos sujetado.

En concordancia con las periodizaciones señaladas, es
necesario determinar, ante todo, en el estado actual
de la investigación, las características y los componentes de las diversas *comunidades científicas* que se suceden a lo largo de dichos periodos.[20] Como en todas las
comunidades de este tipo, se trata de pequeños grupos
que comparten uno o varios paradigmas científicos
y que, por su misma cohesión ideológica, caracterizan
una determinada época o periodo.[21] En su seno se ges-

[19] La Revolución Industrial inglesa de la segunda mitad del
siglo XVIII es un claro ejemplo de dicho fenómeno. Véase: Paul
Mantoux, *La revolución industrial en el siglo* XVIII, Aguilar,
Madrid, 1962, pp. 299-300. Dice este autor: "En la industria
metalúrgica, lo mismo que en la industria textil, la mayoría de
los inventos de donde ha salido la técnica moderna no son obra
de la especulación abstracta, sino de la necesidad práctica y de
los tanteos dé la experiencia profesional. Con la máquina de vapor aparece la ciencia: al periodo empírico de la revolución industrial sucede el periodo científico. Es ésta una de las razones
del interés excepcional atribuido a tal invento, que pertenece por
igual a la historia de las ciencias y de la tecnología." Ejemplos como éste pueden multiplicarse.

[20] Thomas S. Kuhn, *The Structure of Scientific Revolutions*,
University of Chicago Press, Chicago, 1970, 2ª ed., p. 149.

[21] *Ibid.*, p. 176.

taron los cambios de mentalidad científica que dan la
tónica de cada etapa, por la aceptación o el rechazo
de una o varias de las nuevas teorías, o sea los nuevos
paradigmas que aparecían en el horizonte científico.

Dichas comunidades no sólo se suceden sin solución
de continuidad a lo largo de los cuatro siglos que arriba
acotamos, sino que muchas de ellas desempeñaron sus
actividades no sólo en la ciudad de México sino también en diversas regiones del país, abordando casi todas
las ramas del saber científico que antes enumeramos.
Puebla, Guanajuato, Querétaro, Guadalajara, More-
lia, Oaxaca, Mérida, contaron desde los primeros decenios coloniales con reducidos núcleos de hombres de
ciencia que, al igual que los capitalinos, nos legaron
valiosas aportaciones. Además casi todos se dedicaron
activamente a la docencia y a la divulgación del saber
científico y técnico, fundaron instituciones y publicaciones periódicas para difundir sus trabajos y generaron
en su seno interesantes polémicas sobre los más varia-
dos temas.[22]

Estas comunidades, aun con los elementos regresivos
que casi siempre contenían, fueron los protagonistas
del cambio en el tipo de creencias científicas para lo
cual tuvieron que luchar en repetidas ocasiones, sobre
todo en la época colonial, con un no pequeño número
de obstáculos. Pero, pese a todo, eran núcleos vivos,
activos, y dinámicos, y fueron paulatinamente aceptan-
do los nuevos postulados que la ciencia moderna les
ofrecía. Así, desde mediados del siglo xvii halla cabida
el heliocentrismo, a principios del xviii la teoría de la

[22] En nuestro trabajo citado en la nota 2 hemos intentado una tipificación de dichas comunidades, así como la nómina de sus componentes.

circulación de la sangre y la de la naturaleza de la presión atmosférica y el vacío, y pocos decenios más tarde la taxonomía linneana, la generación seminal, la mecánica celeste newtoniana y las novedosas teorías acerca de la electricidad. Al finalizar el siglo xviii penetra la química moderna y en la primera mitad del siguiente son aceptadas las nuevas teorías geológicas. El último tercio del xix contempló la difusión del evolucionismo darwiniano y de las teorías electromagnéticas.[23]

La determinación precisa del momento en que un nuevo paradigma fue acogido por una de las comunidades científicas mexicanas no es fácil de determinar, pues muchas veces sólo poseemos indicios que nos permiten suponer dicha aceptación. Lo que sí podemos determinar con más precisión son los resultados de la asimilación de las nuevas teorías y cómo éstas fueron utilizadas y enriquecidas con aportes originales desprendidos de la propia experiencia. Claro ejemplo de lo anterior son las etapas por las que pasó la taxonomía botánica y zoológica mexicana en los tres siglos coloniales, desde el momento en que las clasificaciones indígenas prehispánicas fueron absorbidas por las europeas hasta la época (finales del siglo xviii) en que se emprende un vasto trabajo taxonómico bajo los auspicios de la Corona española.[24] Otro ejemplo que pode-

[23] Véase, *supra*, nota 14.

[24] Ejemplos típicos entre muchos otros de éstas clasificaciones botánicas de fines del xviii son las de Sessé, Mociño y Humboldt que desbordaron los esquemas clásicos por el gran número de especies desconocidas que incorporaron a los cuadros de la taxonomía linneana. Otro tanto puede decirse de las observaciones críticas de Clavijero y Alzate a las enumeraciones de las especies animales hechas por Buffon y que excluían buen número de animales americanos.

22

mos mencionar es el de la evolución de las matemáticas, en el periodo que va desde la segunda mitad del siglo xvi hasta fines del xix, que tanta influencia ejerciera en la difusión de las teorías mecanicistas, y el papel que desempeñaron en esta tarea los "ingenieros y mecanistas" mexicanos tanto del periodo colonial como del nacional.[25]

Tampoco resulta fácil de determinar la influencia que ejercieron los resabios fósiles de una comunidad, a punto de extinguirse, en la siguiente, en lo concerniente a la supervivencia de teorías científicas en ese momento ya obsoletas. Estos restos de viejos paradigmas no dejaron de tener influencia en el agudo retraso que sufrió la ciencia y la tecnología mexicana, por ejemplo, en los treinta años posteriores a la independencia.

Por último señalaremos que, en el estudio de las comunidades científicas mexicanas, es necesario buscar las causas del "cambio de objetivos" en la investigación como el reflejo de la situación social y económica. Como ejemplo patente podemos mencionar el cultivo de la estadística a finales del siglo xviii, en un momento de auge económico y de acumulación del capital por efecto de la expansión de la minería y de las manufacturas y por contrapartida, el profundo estancamiento de los estudios de física, química y metalurgia durante la guerra de independencia, a causa de la crisis por la que atravesó el Real Seminario de Minería.

De todo lo anterior se desprenden varias conclusiones. La primera es la necesidad que tenemos de estudios monográficos que llenen las lagunas y arrojen luz

---

[25] Véase, *supra*, nota 17.

sobre el ideario científico y técnico de una época. En segundo lugar, la necesidad de revalorar los textos científicos y sus verdaderos aportes con los criterios propios de los hombres de ciencia, prescindiendo en esta labor crítica de factores extracientíficos que distorsionarían evidentemente esa evaluación. Y en tercer lugar, la necesidad de fijar, con base en esos estudios monográficos, los subperiodos de la ciencia y la tecnología mexicana para, de esa manera, lograr una historia integral tanto temática como cronológica.

II. UN CIENTÍFICO MEXICANO DEL SIGLO XVII: FRAY DIEGO RODRÍGUEZ Y SU OBRA *

Ha resultado un lugar común en la historia de la ciencia novohispana el considerar que hasta el último tercio del siglo xvii alcanzaron las ciencias exactas en nuestro país un verdadero desarrollo. Cítanse para apoyar semejante aseveración los nombres de algunos hombres de ciencia mexicanos considerados como representativos del naciente pensamiento científico moderno. Este juicio resulta sólo parcialmente exacto y requiere de ciertas matizaciones que permitan situar de manera más objetiva el desarrollo científico de la Nueva España.

Algunos eruditos estudios han puesto de manifiesto el avance que lograron las ciencias exactas en España y en sus colonias en los siglos xvi y xvii.[1] Por lo que se refiere en particular a la Nueva España, los catá-

---

* *Historia Mexicana*, vol. xxiv, núm. 1, (93), jul-sept., 1974, pp. 36-79.

[1] Sigue resultando valiosa la obra de Felipe Picatoste y Rodríguez, *Apuntes para una biblioteca científica española del siglo* xvi (Madrid, 1891). Menéndez y Pelayo en su obra *La ciencia española*, Emecé (Buenos Aires, 1947) da un catálogo incompleto de las principales obras científicas españolas. En los *Estudios sobre la ciencia española del siglo* xvii (Madrid, 1935) o en las recientes publicaciones debidas a M. López Piñero encontramos valiosos datos bibliográficos acerca del mismo tema.

logos de obras impresas [2] o manuscritas [3] revelan que existía desde el último tercio del siglo XVI un importante, aunque reducido, núcleo de estudiosos que cultivaban asiduamente las matemáticas puras y aplicadas y la astronomía.

El análisis de sus obras, ya sea impresas o manuscritas, nos permite situarlas dentro de la corriente científica que en Europa echaba por aquellos años las bases definitivas de la ciencia moderna.[4]

Las características de esta revolución científica cuya trascendencia es evidente, han sido muchas veces estudiadas.[5] El apego a la experiencia inducida y el recurso matemático caracterizan la labor científica de este periodo; que en el fondo no entraña más que el abandono del pensamiento deductivo propio de la escolástica por el empirismo causal.[6] Así, el método experimental y el razonamiento inductivo quedaron consolidados como

[2] Baltasar Santillán, *Don Carlos de Sigüenza y Góngora. Con unas notas para la bibliografía científica de su época*, Centro Universitario México, México, 1956 (mimeógrafo), pp. 131-158. Juan B. Iguiniz: *Bibliografía astronómica mexicana, 1557-1935*, Biblioteca del Observatorio Astronómico de la Universidad (mecanografiado), *passim*.

[3] Roberto Moreno, "Catálogo de los manuscritos científicos de la Biblioteca Nacional", *Boletín del Instituto de Investigaciones Bibliográficas*, UNAM, México, vol. I, núm. 1, ene.-jun. 1969, pp. 61-103.

[4] Un poco arbitrariamente y con ciertas limitaciones podemos fijar este periodo entre 1543 y 1687 o sea entre la aparición del *De Revolutionibus Orbium Coelestium* de Copérnico y los *Principia* de Newton.

[5] Véase p. ej.: Alfred North Whitehead, *La ciencia y el mundo moderno*, Losada, Buenos Aires, 1949, pp. 55-74.

[6] L. Geymonat, *El pensamiento científico*, Eudeba, Buenos Aires, 1963, p. 33.

26

los dos contrafuertes de la certidumbre científica.[7] La noción de *ley* que de ellos se desprende tuvo también una connotación totalmente diferente de la concepción medieval de *ley*. Es pues en este marco de la revolución científica de los siglos XVI y XVII en que aparecen las obras a que hicimos mención líneas arriba. Entre ellas se destaca, tanto por su contenido y trascendencia en el ambiente científico novohispano como por su indudable apego a los postulados de la ciencia moderna, la obra del olvidado mercedario fray Diego Rodríguez, a quien deseamos dedicarle las reflexiones que siguen con el intento de que pueda asignársele algún día el justo lugar que merece dentro de nuestra historia de la ciencia de la época colonial.

ALGUNOS DATOS SOBRE SU VIDA

Escasos son los datos que poseemos de nuestro autor. Sabemos que nació en Atitalaquia, en el Arzobispado de México, hacia 1596.[8] El poblado se caracterizaba por ser "un lugar de españoles donde hay ganados menores".[9] Sus padres eran cristianos viejos pero de escasos

[7] Francis Bacon, *Novum Organum,* Losada, Buenos Aires, 1961, 2ª ed., p. 110.

[8] Fray Agustín de Andrada, *Panal místico. Compendio de las grandezas del Celeste, Real y Militar Orden de Nuestra Señora de la Merced, Redempcion de Cautivos Christianos*, cap. x, p 276 (MS.INAH, México, D. F.). La fecha del nacimiento de fray Diego no la trae ni el cronista Pareja ni Beristain, sus biógrafos más frecuentados. El P. Andrada, quien escribiera su crónica mercedaria en 1706, expresa en la página citada que fray Diego murió en 1668 a los 72 años de edad.

[9] Fray Francisco de Pareja, *Crónica de la Provincia de la Vi-*

recursos, lo que de ninguna manera impidió que lo enviaran a la capital del virreinato a estudiar gramática. Antes de cursar estudios mayores de filosofía ingresó en la Orden de la Merced en donde profesó el 8 de abril de 1613.

La Orden mercedaria había logrado establecerse desde 1594 y para 1596 contaba ya con cuarenta religiosos profesos, los cuales prestaban importantes servicios de carácter social, lo que favoreció que, por una real cédula firmada en San Lorenzo el 23 de agosto de 1597, la Corona los auxiliase con una limosna de mil pesos de sus cajas reales, destinados a la erección del convento que la Orden edificaba en la ciudad de México.[10] Lo tardío del establecimiento de la religión mercedaria propició que se estimulase la labor intelectual de sus miembros, lo que no quiere decir que se descuidase la labor misionera. Pero es un hecho que, por lo que al siglo XVII se refiere, el convento de la Merced fue un núcleo activo de estudios científicos no siempre ortodoxos del todo.

Fray Diego Rodríguez cursó los estudios que se acostumbraban en dicha provincia mostrando desde el principio una decidida inclinación por las matemáticas.

Fue nombrado predicador de la Orden y en el año de 1623 comendador del convento de la Veracruz, cargo que ocupó hasta 1627 en que entró en serias dificultades con el padre visitador de la provincia, quien lo acusaba de peculado. Este hecho impidió que la soli-

sitación de Nuestra Señora de la Merced Redención de Cautivos de la Nueva España, Imprenta de R. Barbadillo y Cía., México, 1882-1883, II, pp. 242 *ss.*

[10] Mariano Cuevas, *Historia de la Iglesia en México*, Imprenta del Asilo "Patricio Sanz", Tlalpan, 1924, III, pp. 324 *ss.*

citud para optar al grado de maestro que dirigió al capítulo provincial de 1641 fuese aprobada.[11] Ni el precedente de ser catedrático de la Universidad impidió que se vetase su demanda.[12]

La predisposición de fray Diego a los estudios de matemáticas (en las que tuvo por maestro al padre fray Juan Gómez, quien al decir del P. Pareja era un "vicario general que entendía bastantemente esta facultad"), hicieron que recayese en él la elección del claustro universitario para erigir la cátedra de astrología y matemáticas. Por mandamiento expedido el 22 de febrero de 1637, y en reconocimiento de su "solicitud y cuidado" en el estudio de las matemáticas, a las que había consagrado "más de treinta años" (!), le fue otorgado el nombramiento de catedrático de matemáticas. Se hacían valer asimismo los "escritos y tratados" que sobre dicha ciencia había redactado. El nombramiento fue confirmado por el virrey marqués de Cadereyta el 23 de marzo de ese mismo año. El día 26 fray Diego tomó

[11] Pareja, *op. cit.*, pp. 248-249. El cronista Pareja encubre sutilmente las causas por las que fray Diego estuvo en dificultades siendo comendador. Incluso después lo reivindica, pero es un hecho que tuvo grandes problemas y que ésta su actitud influyó tanto en los superiores que el grado solicitado no le fue otorgado sino hasta 1664.

[12] La solicitud de fray Diego se fincaba en que siendo catedrático de matemáticas y astrología en la Universidad, podía acreditar esos cursos para lograr el grado de "Presentado" y de "Maestro". Véase: *Regula et Constitutiones Sacri, Regalis ac Militaris Ordinis B. Mariae de Mercede Redemptionis Captivorum a SSmo. D. N. Innocentio XII confirmatae*... Secunda Editio, Matriti, Ex Officina Conventus Ejusdem Ordinis, Anno 1743, pp. 143 ss. (*Distinctio Sexta: De exercitio, et Professione Litterarum; capítulo VI, 3: De Magistris et Praesentatis*).

posesión de dicho cargo con un sueldo anual de cien pesos.[13]

La asignatura era obligatoria para los estudiantes de la Facultad de Medicina.[14] Con la implantación de las Constituciones de Palafox, la cátedra fue establecida como "de propiedad",[15] ya que era indudable la importancia de los cursos que se impartían. Éstos se dictaron algún tiempo én latín pero posteriormente lo fueron en "romance".

La apertura de esta cátedra marca un hito en la historia de la ciencia novohispana. Fue el primer curso que incorporaba a los estudios tradicionales otros de corte totalmente moderno. El título de "astrología y matemáticas" resulta engañoso para nosotros, ya que la primera de dichas disciplinas tiene actualmente una connotación diferente. Pero en el siglo xvii otras eran las acepciones de dicha ciencia, que si bien tenía su porción de astrología propiamente dicha (como en todas las cátedras europeas de la época), también incorporaba difíciles y novedosos estudios de astronomía, trigonometría, geometría, álgebra y cosmografía. Se explicaba en astronomía a Sacrobosco y a Ptolomeo, pero también a Pedro Apiano, Cristóbal Clavio, Tycho Brahe, Copérnico y Kepler. En matemáticas se exponía a Euclides y a Juan de Monterregio pero no se excluían los estudios modernos de Tartaglia, Cardano, Bombelli, Neper y Stevin, por no mencionar sino a unos cuantos. En

[13] Francisco Fernández del Castillo, *La Facultad de Medicina,* UNAM, México, 1953, pp. 39 y 143 *ss.*; Pareja: *op. cit.*, pp. 245-246.

[14] AGN, Universidad, vol. 89, ff. 244-247.

[15] José Luis Becerra López, *La organización de los estudios en la Nueva España,* México, 1963, p. 169.

30

suma, toda una corriente de "modernidad académica"
penetró en la Real y Pontificia Universidad novohispana y en buena medida esta labor fue debida al impulso que fray Diego les dio a los estudios científicos pro-
piciados por la cátedra que regenteó durante más de
treinta años. No es nuestra intención, de momento,
detenernos en explicar los alcances que dicha actitud
tuvo y que quedarán ratificados en el análisis que ha-
gamos de la obra de nuestro mercedario. Bástenos únicamente insistir acerca de la modernidad de los cursos
y de los estudios impartidos por fray Diego, ya que
el florecimiento científico del último cuarto del siglo
XVII y cuyo más preclaro representante es Sigüenza y
Góngora tuvo su origen, en buena medida, en la obra
del padre Rodríguez. Veremos cómo, en ciertos aspectos, sus estudios alcanzaron un grado de modernidad
científica que sus sucesores no lograrían.

Las actividades de fray Diego dentro del claustro
universitario fueron de diversa índole. Sabemos que,
por sus habilidades como "aritmético", fue nombrado
contador de la Real y Pontificia Universidad, cargo
que ocupó durante varios años.[16] En 1640 formó parte
del "claustro pleno" que vetó un nombramiento arbi-
trario de virrey marqués de Villena, hecho que violaba
los estatutos y que fue origen de un largo y penoso
pleito entre las autoridades universitarias y el virrey.[17]
En suma, tanto por su labor académica como adminis-
trativa, desarrolladas durante aproximadamente treinta

[16] Cristóbal de la Plaza y Jaén, *Crónica de la Real y Pontificia Universidad de México*, México, 1931, I, pp. 395, 397,
471; Pareja: *op. cit.*, p. 246.
[17] Alberto María Carreño, *La Real y Pontificia Universidad
de México*, UNAM, México, 1961, p. 178.

años, es posible aquilatar los merecimientos pedagógicos de nuestro mercedario. Varias generaciones de médicos recibieron sus enseñanzas, las cuales se perciben en algunos de los tratados astrológicos y astronómicos o bien en los lunarios y almanaques por ellos redactados. No sería aventurado suponer que la generación de Sigüenza, e incluso éste mismo, recibieron las cátedras que impartía nuestro mercedario.

Pero el infatigable padre no circunscribió sus labores a las puramente académicas. Sabemos que conoció los problemas que originaba la construcción del desagüe de la ciudad de México, ya que formaba parte de la comisión que en el año de 1637 estudió el informe que sobre el mismo envió a la Universidad el marqués de Cadereyta. En estas tareas tuvo un papel relevante ya que, en compañía de otros peritos, realizó una visita al tajo que se estaba abriendo y cubicó los volúmenes de tierra que se necesitaban desalojar. Asímismo, propuso diversas soluciones para agilizar las labores.[18]

Dentro de esta línea de actividades caen sus trabajos en la catedral metropolitana desarrollados durante 1654. En este año fue terminado el primer cuerpo de la torre oriental de dicho templo y se hizo necesario bajar las pesadísimas campanas que permanecían en la torre antigua y subirlas a la nueva.[19] Como la labor requería de conocimientos de ingeniería, el virrey du-

---

[18] Plaza y Jaén, *op. cit.*, i, pp. 340-341; Fernando de Cepeda y Fernando Alonso Carrillo, *Relación Universal, Legítima y Verdadera del sitio en que está fundada la muy noble y leal ciudad de México*, Imprenta de Francisco Salbago, México, 1637, iii, ff. 36 v. ss; ff. 4 v-6r y 14 v.

[19] Manuel Toussaint, *La Catedral de México*, Porrúa, México, 1973, pp. 91-92.

que de Alburquerque, convocó a diversos maestros que fuesen peritos en tales actividades. Fueron presentados cinco proyectos entre los cuales estaban el de fray Diego Rodríguez y el del arquitecto y bibliófilo Melchor Pérez de Soto, de quien nos ocuparemos posteriormente. Salió premiado el estudio del mercedario, quien se puso a la tarea de construir los aparatos de madera necesarios para la maniobra.[20] Por fin el 24 de marzo de 1654 se iniciaron las obras de descenso y ascenso. El cronista Guijo nos ha dejado fielmente reseñada esta difícil labor:

A las cuatro de la tarde bajaron la campana grande llamada *doña María*, del campanario antiguo de la catedral, que pesa cuatrocientos cuarenta quintales, bajáronla sobre un castillejo que se hizo de madera, el cual vino rodando desde lo alto donde estaba pendiente por unas gruesas planchas, hasta hacer descanso en el suelo; y luego el día siguiente de la Encarnación teniéndola puesta sobre un lecho capaz de encina, a fuerza de tiras de sogas y mucha gente y rodando sobre vigas acostadas en el suelo, la metieron y pusieron al pie de la torre nueva de dicha catedral, que cae sobre la capilla del Sagrario; y luego el día siguiente bajaron la otra mediana, y antes ocho días habían bajado cinco pequeñas y otra mayor que llaman *la Ronca*, y servían en el campanario puestas en forma, a todo lo cual asistió por su persona el duque de Alburquerque, virrey de esta ciudad...

y más adelante este mismo cronista nos narra la continuación de la tarea, o sea la de subir las campanas a

---

[20] Gregorio M. de Guijo, *Diario*, Porrúa, México, 1953, I, pp. 248-249.

la nueva torre, hecho que se llevó a cabo el domingo de ramos, 29 de marzo en que fray Diego,

> ...después de haberse acabado los oficios divinos pasó a la obra y vio subir con general clamor de campanas porque no sucediese desgracia la dicha campana (mayor), y la dejó en el hueco que debía de ocupar ... y luego a las cinco de la tarde subieron la otra mediana que sirve a la queda y lunes Santo a las oraciones tocaron las campanas dichas.

Además del virrey asistieron a todas estas operaciones los Cabildos eclesiásticos y seculares y la Real Audiencia. En los meses de abril, junio, julio y noviembre de 1654 se subieron otras campanas menores y es perfectamente factible que el encargado de dicha labor haya seguido siendo nuestro catedrático de matemáticas y astrología.[22]

Es posible que sus labores en la catedral lo hayan hecho entrar en relación con el "maestro mayor de obras" de la misma: el arquitecto, bibliófilo y astrólogo "diletante" Melchor Pérez de Soto, cuyo proceso por practicar la astrología judiciaria ha sido varias veces estudiado, lo que nos disculpa de detenernos a pormenorizar sus detalles.[23] Cabría sólo mencionar las

[21] *Ibid.*

[22] *Ibid.*, I, pp. 253, 256, 262; II, pp. 15, 32.

[23] Puede verse el enjundioso aunque un tanto superficial opúsculo del marqués de San Francisco, *Un bibliófilo en el Santo Oficio* (Robredo, México, 1920). En él se hace un breve análisis de su biblioteca, la cual le fue confiscada. (Véase: *Documentos para la historia de la cultura en México. Inventario de los libros que se le hallaron a Melchor Pérez de Soto, etc...* Imprenta Universitaria, México, 1947, pp. 1 a 94.)

relaciones que el padre Rodríguez tuvo con dicha causa inquisitorial y con el desventurado bibliófilo procesado. En un proceso anterior, que data de 1650, llevado a cabo contra un astrólogo mulato llamado Gaspar Rivero Vasconcelos, fueron mencionados repetidas veces los nombres de Pérez de Soto y de fray Diego Rodríguez; sin embargo el Santo Oficio consideró prudente procesar sólo al primero, dadas las evidencias acumuladas en su contra.[24] El 12 de diciembre de 1654 fue acusado formalmente Pérez de Soto por sus "muchos delitos contra la fe", por tener libros prohibidos y por saberse que vivía "usando y practicando la judiciaria".[25]

Las declaraciones hechas por diversos testigos de la causa arrojan bastante luz sobre las actividades astrológicas de nuestro mercedario. Sabemos que junto con fray Felipe de Castro, agustino, le enseñó a Pérez de Soto los secretos de la astrología y que intercambiaba con él los libros de astronomía y matemáticas.[26] Su

[24] *Causa a Melchor Pérez de Soto, astrólogo, sobre retener libros prohibidos de astrología judiciaria y usar de ella*, Biblioteca del INAH, Sección de Manuscritos, Inquisición, vol. 2 (1649-1654), ff. 226-238.

[25] Julio Jiménez Rueda: *Herejías y supersticiones en la Nueva España*, UNAM, México, 1946, pp. 218-219.

[26] *Causa a Melchor Pérez de Soto, Astrólogo, etc...* f. 297 No sería difícil que algunos de los libros confiscados a Pérez de Soto hayan pertenecido a fray Diego y, es más, creemos, por el estudio de los libros que se le expurgaron (AGN, Inquisición, vol. 440, ff. 92 a 108) que algunos de ellos pudieron ser de la biblioteca de nuestro catedrático, ya que los cita ocasionalmente en sus obras. Es verosímil que el P. Rodríguez tendría en su biblioteca particular libros que estaban más allá de los límites de la ortodoxia. Véase p. ej. lo que declara el testigo Nicolás de Robles en el proceso arriba mencionado contra Pérez de Soto

nombre fue mencionado varias veces en este proceso, tal y como lo había sido en el de Rivero Vasconcelos, pero el Santo Oficio no intentó seguirle causa por practicar la astrología judiciaria tal como lo hizo con su discípulo.

Por lo demás es evidente que existía un pequeño grupo de astrónomos y matemáticos dados a prácticas astrológicas consideradas como ilícitas. El proceso de Pérez de Soto y otros procesos nos revelan este ambiente donde la astronomía y la astrología se entremezclaban inextricablemente.[27] El edicto inquisitorial de 1616 contra los astrólogos que practicaban la judiciaria revela que dicha práctica era común. Incluso pueden rastrearse sus efectos hasta el siglo XVI.

Varios amigos de fray Diego estuvieron al borde de ser procesados. El médico Gabriel López de Bonilla, emparentado con Sigüenza y Góngora [28] y con quien el padre Rodríguez haría la determinación de la longitud del valle de México, fue mencionado varias veces por Pérez de Soto, quien incluso pormenorizó las prácticas astrológicas que realizaban.[29] El almirante Pedro Porter de Casanate, también maestro de Pérez

(f. 231) en el sentido de que fray Diego se había mostrado renuente a tratar de astrología con Pérez de Soto, ya que incluso éste tenía y leía libros prohibidos y lo que declara este último (f. 297) acerca de que fray Diego era su maestro y le prestaba libros.

[27] Véase p. ej. AGN, Inquisición, vol. 303, ff. 534-546; vol. 293, ff. 389-402 y 442-445.

[28] Francisco Pérez Salazar, *Biografía de Don Carlos de Sigüenza y Góngora seguida de varios documentos inéditos*, Antigua Imprenta de Murguía, México, 1928, p. 11.

[29] *Causa a Melchor Pérez de Soto, Astrólogo, etc...*, ff. 241, 245, 255, 297.

36

de Soto, era asimismo afecto a dichas prácticas. En suma, clérigos, frailes o laicos con cierta preparación en astronomía y matemáticas resultaban con bastante frecuencia "adictos" a la judiciaria y eran por tanto acusados y procesados. Ahora bien, de todas las órdenes religiosas eran los mercedarios los más inclinados a "levantar figuras" y a "hacer juicios sobre futuros contingentes", por lo que fueron frecuentemente enjuiciados.[30] Algo quizá tendría que ver el hecho de que el catedrático de astrología y matemáticas de la universidad fuese miembro de dicha Orden, pero hemos de reconocer que, por diversas circunstancias que desconocemos, fray Diego logró siempre eludir un proceso del temido tribunal;[31] lo que no quiere decir que, al igual que muchos astrónomos de su época, tanto europeos como mexicanos, no fuese un creyente sincero en la inevitable influencia de lo de "arriba" en lo de "abajo". Los pronósticos y almanaques que publicaba con el seudónimo de Martín de Córdoba [32] nos revelan en fray Diego esta faceta tan poco científica pero tan propia de los tiempos que le tocó en suerte vivir.[33]

[30] Véanse los procesos contra mercedarios que se encuentran en los vols. 335, 370, 431, 596 y 627 del ramo de Inquisición y el 139 (núm. 9) del ramo de Historia del Archivo General de la Nación.

[31] Una acusación contra fray Diego y sus correligionarios fue prudentemente archivada por el Santo Oficio y, que sepamos, a ninguno de los ahí mencionados se les siguió proceso (AGN, Inquisición, vol. 335, f. 369).

[32] Pareja, *op. cit.*, II, p. 245; Plaza y Jaén: *op. cit.*, II, pp. 53-54. Dice que el pseudónimo era el de "Cordobés" pero seguramente se trata de una pequeña confusión. (cf. José Miguel Quintana: *La astrología en la Nueva España en el siglo xvii*, Bibliófilos Mexicanos, México, 1969, p. 62).

[33] AGN, Inquisición, vol. 670, ff. 119-120; 182-183, y 277.

Conviene puntualizar lo anterior a efecto de no restar
méritos a la obra que el padre Rodríguez realizó como
científico. El haberse dejado llevar de ciertas prácticas
que ahora nos parecen poco científicas no resta un
codo a su estatura de astrónomo y matemático. Propia
del siglo xvii es esta actitud dual. Kepler y Tycho
Brahe también fueron creyentes y practicantes de la
astrología judiciaria, hecho que de ninguna manera
pone la más leve mácula en su labor científica. Tal
es el caso de fray Diego Rodríguez y así debe de com-
prendérsele.[34]

Los méritos alcanzados por nuestro insigne mercedario hicieron que en 1665 se lo nombrase nuevamente
comendador, ahora del convento de la Merced de México, cargo que según el cronista Pareja, "aceptó por
obediencia". Empero, a los seis meses renunció "por
que su vejez y continuos achaques lo impedían".[35] A
principios de marzo de 1668 cayó enfermo de tabar-
dillo, enfermedad de la que no logró curar, falleciendo
el 9 de marzo de dicho año. El virrey marqués de
Mancera, que le guardaba particulares consideraciones
y era afecto a dialogar con él, le rindió póstumo home-

Aquí se contienen las solicitudes de fray Diego para publicar diversos pronósticos.

[34] Por ello nos parecen tan injustas las diatribas que el siglo
pasado le lanzó don Agustín Rivera en su libro *La filosofía en
la Nueva España* (Lagos, 1886, pp. 49-80). Arremete Rivera
contra fray Diego diciendo que era un astrólogo supersticioso,
vulgar y embustero y apoyándose en la *Crónica* de Pareja, emite
juicios propios de un panfletista. Creemos que nunca conoció
realmente la obra de nuestro mercedario, cosa que, por otro
.lado, bien pudo haber contribuido a relegar al olvido su obra
científica.

[35] Pareja, *op. cit.*, ii, p. 250.

naje enviando a su familia a los solemnes funerales que se le hicieron.[36]

Los siglos XVII y XVIII reconocieron en buena medida su labor. Así, poco después de su muerte empezaron los elogios a su obra. Plaza y Jaén lo llama "eminente en la Facultad de Astrología y Matemáticas" y "digno de que quede alguna memoria por sus buenas letras, virtud y religión".[37] Don Carlos de Sigüenza y Góngora lo llama "excelentísimo matemático y muy igual a cuantos han sido grandes en este siglo".[38] En el siglo XVIII, Granados y Gálvez lo menciona sumariamente, mencionando su obra sobre los cometas.[39] Más significativos fueron los elogios de dos astrónomos como él: León y Gama aquilató y valoró sus determinaciones astronómicas asegurando que se acercaron bastante a la verdad[40] y Velázquez de León lo citó elogiosamente y en repetidas ocasiones en su disertación sobre la determinación de la longitud del valle de México.[41] Ya en el siglo XIX Beristain y Tadeo Ortiz lo mencionan sumariamente. Orozco y Berra lo dedica un interesante capítulo de sus *Apuntes para la histo-*

[36] *Ibid.*, pp. 252-253.

[37] Plaza y Jaén: *op. cit.*, II, pp. 53-54.

[38] Carlos de Sigüenza y Góngora, *Libra astronómica y filosófica,* UNAM, México, 1959, p. 181.

[39] Joseph Granados y Gálvez, *Tardes americanas. Gobierno gentil y católico.* Nueva Imprenta Matritense de D. Felipe de Zúñiga y Ontiveros, México, 1778, p. 415.

[40] Antonio de León y Gama, *Descripción orthográfica universal del eclipse de sol del día 24 de junio de 1778,* Nueva Imprenta Matritense de D. Felipe de Zúñiga y Ontiveros, México, 1778, Dedicatoria.

[41] Joaquín Velázquez de León, *Observaciones para averiguar la longitud del valle de México,* AGN, Historia, vol. 558, ff. 70-89.

ria de la geografía en México repitiendo en buena medida los elogios de Velázquez de León. Hasta fechas recientes ha comenzado a ser nuevamente reconocida su obra, la cual será tema de las observaciones que a continuación expondremos.

OBRAS MANUSCRITAS E IMPRESAS. ESQUEMA DE SU OBRA

Un impreso y seis manuscritos, todos ellos de carácter puramente científico, constituyen la obra de fray Diego Rodríguez que ha llegado hasta nosotros. Lo voluminoso de dicha obra nos hace sumamente difícil exponer en unas cuantas páginas el contenido total de sus investigaciones matemáticas y astronómicas que debieron ocupar más de cuarenta años de su vida. Debido a ello, y a que actualmente preparamos un trabajo más vasto sobre el mismo tema, hemos circunscrito esta segunda parte a un análisis somero de su obra que nos permitirá destacar las facetas más sugestivas de su ingente labor científica.

Obras manuscritas [42]

1. *Tractatus Proemialium Mathematices y de Geometría del P. F. Diego Rodz. Mercedario de Mejico.* (119 f.)

2. *De los logaritmos y Aritmética del P. F. Diego Rodz. Mercedario de Mejico.* (164 f.)

[42] Roberto Moreno, *op. cit.*, pp. 89-91. Los cuatro primeros títulos de los manuscritos los hemos reproducido íntegros de este catálogo. Estos MSS se encuentran actualmente en la Biblioteca Nacional de México.

3. *Tratado de las equaciones. Fabrica y uso de la Tabla Algebraica discursiva. Por el P. F. Diego Rodz. Mercedario de Mejico. Floreció a mediados del siglo 17º.* (157 f.)

4. *Tratado del modo de fabricar reloxes Horizontales, Verticales, Orient.s etc. Con declinación, inclinación, o sin ella: por Senos rectos, tangentes etc. para por vía de Números fabricarlos con facilidad. Por el P. F. Diego Rodríguez Mercedario Calzado de Mejico.* (145 f.)

Los títulos de estas cuatro obras posiblemente no son los que llevaban originalmente aunque sin duda la persona que les puso los que actualmente llevan conocía bien su contenido. Por lo demás es indudable que los títulos son también del siglo xvII y guardan cierta similitud con los que proporciona Beristain. Este autor menciona seis obras manuscritas que no son en realidad sino cuatro considerando que quedaron agrupadas en un solo tomo el tratado de los Logaritmos y el de Aritmética y en otro el Tractatus Proemialium y la Geometría.[43]

5. *Modo de calcular qualquier eclipse de Sol y luna*

---

[43] José Mariano Beristain y Souza, *Biblioteca Hispano Americana Setentrional,* Tipografía del Colegio Católico, Amecameca, 1883, 2ª ed., pp. 55-56. Ninguna adición a este catálogo ha sido hecha por los bibliógrafos de la orden mercedaria del siglo xix. Véase: José Antonio Garí y Siumell, *Biblioteca Mercedaria o sea escritores de la Celeste, Real y Militar Orden de la Merced Redención de Cautivos,* Imprenta de los Herederos de la viuda Pla, Barcelona, 1875, pp. 255. Conviene mencionar que casi todos los manuscritos de fray Diego están escritos en castellano salvo ciertos fragmentos (entre los cuales está el *Proemialium*) que lo están en latín.

*según las tablas arriba puestas del mobimiento de Sol
y Luna según Tychon. (15 f.)*

6. *Doctrina general repartida por capítulos de los
eclipses de Sol y luna y primero de los de Sol que suceden en los 90 grados de eclíptica sobre el horisonte
en todas las alturas de polo así septentrionales, como
meridionales. Por el P. Fr. Diego Rss. del orden de
Ntra. Sra. de la Merced Ron. de Captivos. (70 f.)*

Obra impresa

7. *Discurso etherológico del Nuevo Cometa, visto
en aqueste Hemisferio Mexicano; y generalmente en
todo el mundo.* Este año de 1652... Compuesto por
el Padre Presentado Fr. Diego Rodríguez, del Orden
de Nra. Señora de la Merced, Redención de Cautivos
y Cathedratico en propriedad de Mathematicas en
aquesta Real Universidad de México... Con Licencia
en Mexico. Por la Biuda de Bernardo Calderon, en la
calle de San Agustín, donde se venden. (32 f.) [44]

Sabemos que además de estas obras, fray Diego escribió una obra de mayores alcances sobre los logarit-

---

[44] Beristain (*loc. cit.*), quien menciona ligeramente cambia-
do el título de esta obra, añade el siguiente comentario: "Después de hablar de este opúsculo de la naturaleza, forma y situación de los cometas según las más sólidas y modernas doctrinas
de los astrónomos de aquel tiempo, descifra nuestro autor el
citado cometa teológica y alegóricamente en elogio de la In-
maculada Concepción de la Virgen María, que en aquellos días
era el asunto favorito de los ingenios españoles". Véase también
José Toribio Medina, *La Imprenta en México (1539-1821)*, Santiago de Chile, 1908, ii, p. 300, donde se dan algunos datos
sobre su vida y se menciona su obra sobre los *Logaritmos*.

42

mos, la cual está lamentablemente perdida. El único
dato sobre este tratado lo hemos recibido de su bió-
grafo, el padre Pareja, quien en una elogiosa página
de la biografía de nuestro mercedario nos dice de él
lo siguiente:

> ...llegó a ser tan perfecto aritmético, que habiendo
> llegado a esta ciudad un tratadito pequeño de logarit-
> mos,[45] que es la cuenta más difícil que se halla, ni se
> ha descubierto en la aritmética, así que lo vio lo com-
> prendió, de calidad que hizo *dos tomos* de ellos, con
> grandísima perfección, y habiéndolos enviado a Ma-
> drid a manos del dicho P. Claudio [Dechales], con
> carta para que los imprimiese, aunque fuese en nombre
> de otro, porque no se perdiese una obra tan singular
> que le había costado mucho trabajo, se los volvieron
> diciendo que dicho P. Claudio estaba ya muy viejo y
> por eso muy retirado de estudios de dicha facultad.
> Y viéndose con dichos libros muy afligido consideran-
> do que se le habían de perder, acordó enviarlos a la
> ciudad de Lima en el Perú, donde tenía un discípulo
> que había sido suyo en esta Universidad, llamado Fran-
> cisco Ruiz Lozano... y allá en dicha ciudad de Lima se
> quedaron y podrá ser que en algún tiempo salgan a la
> luz para provecho de muchos en su inteligencia.[46]

Nada más se sabe sobre esta obra que a juzgar por
los manuscritos que sobre logaritmos nos restan del

[45] Pudo haberse tratado de cualquiera de las dos obras de
Neper, ya sea el *Mirifici logarithmorun canonis descriptio* (1614)
o la *Constructio canonis logarithmorum* (1619)), aunque entre
la fecha de publicación de la primera y 1631 aparecieron varias
obras de logaritmos entre las cuales mencionaremos las de Spei-
del, Kepler, Briggs y Gunter. En 1620 Bürgi publicó su libro
sobre antilogaritmos.

[46] Pareja, *op. cit.*, ii, pp. 246-247.

padre Rodríguez (y que bien pudieran ser sus borradores) debió de tener un valor inestimable, sobre todo si consideramos que hubo de ser escrita unos treinta años antes de las obras del padre José de Zaragoza [47] o de Juan Caramuel [48] quienes en España lograron desarrollar y profundizar el estudio de los logaritmos.

De los manuscritos que nos restan y que ya enumeramos podemos inferir algunas hipótesis en cuanto a su formación. Se podría a primera vista creer que se trata de los apuntes o notas de la cátedra que fray Diego impartía. Incluso la variedad de copistas que se advierten en algunos de ellos respaldaría esta suposición, que quedaría ratificada si consideramos que las Constituciones de Palafox estipulaban que las lecciones impartidas se entregasen encuadernadas cada fin de año para ser archivadas. [49]

Pero un análisis más profundo de su obra nos revela una estructura interna que quizá quedaría como sustrato de una obra mayor (de la cual la obra perdida de logaritmos sería una parte), y que está esbozada en el Proemio que antecede a su tratado de *Geometría*.

[47] Joseph de Zaragoza, *Trigonometría española, resolución de los triángulos planos y esféricos. Fabrica y uso de los senos y logarithmos*, Mallorca, 1672.

[48] Juan Caramuel y Lobkowitz, *Cursus Mathematicus*, Campania Sant Angelo, 1667-1668. En la sección quinta de esta obra dice este autor lo siguiente: "La logarithmica es ciencia nueva que une la Aritmética con la Geometría; fue inventada por Neper en el año 1615 (*sic*), adelantada por Briggio y finalmente, creemos, perfeccionada por nosotros." Se refiere a los logaritmos *perfectos*, antecedentes de los *cologaritmos*.

[49] Becerra López, *op. cit.*, p. 61. Debe tomarse en consideración que dichas Constituciones no entraron en vigor efectivamente sino hasta 1671.

Esta segunda hipótesis nos parece más viable ya que la temática que fray Diego aborda en sus manuscritos desborda y con mucho las exposiciones de una cátedra. El esquema general de esa obra que el padre dejó en buena medida ya redactada en sus manuscritos es el siguiente: [50]

I. *Matemáticas "puras"* [51]

Geometría. Traducción y comentarios a Euclides. Resolución de triángulos, y cálculos de áreas en función de los lados; círculo, elipse, parábola, hipérbole; perspectiva, dióptrica, catóptrica, óptica.

Aritmética. Numeración, las cuatro operaciones con enteros y quebrados, progresiones aritméticas; raíces cuadradas y cúbicas de cuadrados y cubos perfectos e imperfectos; exponentes, cuadrados, cubos; proporciones, regla de tres; cálculo.

Álgebra. Ecuaciones cuadráticas, cúbicas y de cuarto grado. Logaritmos.

Trigonometría. Funciones trigonométricas, tablas, ecuaciones trigonométricas, tablas logarítmicas de funciones trigonométricas, trigonometría esférica: triángulos esféricos.

---

[50] Usamos la división que el padre Rodríguez utiliza. El orden que seguimos en la enumeración de sus manuscritos está acorde con el orden de los temas que aquí adoptamos y que tiene como pauta el *Tractatus Proemialium Mathematices*.

[51] Esta división de *Matemáticas "puras" e "impuras"* (o aplicadas) es la que fray Diego usa y era la acostumbrada en los tratados matemáticos de su época.

II. *Matemáticas "impuras"*

Gnomónica. Mecánica. Arquitectura. Artes bélicas. Astronomía. Fabricación de astrolabios. Astrología judiciaria. Meteorología. Música. Cosmografía. Geografía. Prosopografía. Geodesia. Magnetismo. Hidrostática. Calendarios.

Aunque fray Diego no menciona las subdivisiones de cada una de estas disciplinas, ni tampoco las define específicamente, a todo lo largo de sus seis manuscritos van delineándose cada una de ellas. Las limitaciones existen dada la índole de dichas obras, pero en suma puede quedar el esquema anterior como totalmente valedero para una clasificación de la obra de nuestro mercedario y como bien puede apreciarse se trata de toda una "suma" de los conocimientos matemáticos de su tiempo.

El *Discurso etheorológico*, su única obra impresa, fue un opúsculo de ocasión y sobre un tema muy concreto pero que, a pesar de ello, complementa perfectamente lo expuesto en los tratados matemáticos y astronómicos manuscritos, como tendremos ocasión de ver un poco más adelante.

SU MÉTODO CIENTÍFICO. PRINCIPALES AUTORES
MENCIONADOS EN SUS ESCRITOS

Una de las principales características que nos revelan a fray Diego como un hombre de ciencia moderno es su apego a la metodología propia de la ciencia del siglo XVII. Su empirismo y su recurso a la matemática son las dos facetas principales de esta actitud que lo hacen ser deudor de Bacon y de Galileo. "En las cosas naturales y físicas —escribe en su *Discurso*— nada convence con tanta apacibilidad como las demostraciones que son patentes a los sentidos";[52] y un poco más adelante afirma que el científico (y en concreto el astrónomo) no debe dejarse llevar de la imaginación y afirmar "a priori" verdades indemostrables. Sólo los paralajes hechos con un profundo conocimiento de la trigonometría esférica permiten describir una realidad dada.[53] En suma, sólo la experiencia unida a una precisa cuantificación del fenómeno puede permitirnos emitir un juicio sobre la naturaleza de dicho fenómeno.

Congruente con este modo de pensar, es lógico que fray Diego haya sido un acusioso y riguroso observador. Sus mediciones (lo veremos posteriormente al hablar de la *longitud* del valle de México), eran hechas con precisión admirable. El cronista Pareja no exagera cuando afirma que en los cálculos que hizo de eclipses, "jamás se vio que los errase en un punto".[54] Elaboró multitud de tablas astronómicas o trigonométricas que ocupan buena parte de su obra manuscrita. Sabemos, además, que él mismo construía sus aparatos científicos, usando para ello de manuales que le facilitasen la construcción de ese equipo. Lo costoso de los mismos y la dificultad que existió durante toda la época colonial [55] para hacerse de instrumental de precisión obli-

---

[52] Fray Diego Rodríguez, *Discurso etherológico,* f. 18.

[53] *Ibid.*, f. 24.

[54] Pareja, *op. cit.*, ii, p. 245.

[55] Recuérdese, ya *en la segunda mitad del siglo xviii*, el caso de Velázquez de León.

gó en muchos casos a nuestros científicos a fabricarse sus propios aparatos. Fray Diego no escapó a esta perniciosa limitación. Su celda conventual debió parecer un verdadero laboratorio ya que estaba llena de "muchos instrumentos matemáticos y astronómicos que [con] sus propias manos fabricaba en su celda, así de astrolabios muy curiosos, como de arcos de perspectiva y globos, todo con grandísima curiosidad".[56] Incluso llegó a enviarle algunos de estos instrumentos a su discípulo Ruiz de Lozano (aquél que en Lima recibiera los dos tomos del estudio que fray Diego hiciera de los logaritmos). La precisión en los cálculos y mediciones de que hicimos mención líneas arriba permiten suponer que dichos instrumentos eran construidos con bastante minuciosidad y cuidado. Es imposible explicarnos de otro modo que en la primera mitad del siglo xvii un ignorado sabio mercedario lograse determinaciones astronómicas superiores a las obtenidas a finales del siglo siguiente.[57]

Unido a este preciso conocimiento de lo que es la experiencia científica y las maneras de realizarla, fray Diego poseía un amplia conocimiento de los alcances de la matemática. El *Proemio* a su *Geometría,* a la par de dar su visión sintética de los conocimientos ma-

[56] Pareja: *op. cit.,* ii, p. 247.
[57] Conocía seguramente la obra de García de Céspedes sobre la construcción de instrumentos matemáticos y astronómicos. En su *Tractatus Proemialium Mathematices y de Geometría* aparecen algunas burdas ilustraciones de instrumental matemático elaborado de acuerdo con las *Proposiciones* de Diego Besson comentadas por Francisco Beroaldo. Menudean los tratados sobre estos temas, redactados en los siglos xvi y xvii, muchos de los cuales aparecen en la antes mencionada biblioteca de Melchor Pérez de Soto y que probablemente fray Diego conoció.

48

temáticos (mismos que esbozábamos antes), nos proporciona valiosas reflexiones acerca de la naturaleza del conocimiento matemático, sus diferencias con la física y la metafísica, la utilidad de la geometría especulativa, de los teoremas, problemas, proposiciones y enunciados, etcétera. En suma, podemos decir que nuestro mercedario era perfectamente consciente del valor de la matemática como el único instrumento que unido a la experiencia era capaz de descubrir las verdades que encierra y oculta el mundo físico.

Toda esta metodología experimental y matemática no le impedía a fray Diego recurrir a multitud de autores que ratificasen sus propias conclusiones. Sobre todo —como es de suponer— menudean en sus citas los autores clásicos como Euclides y Ptolomeo, pero también los modernos son profusamente mencionados no importando inclusive su heterodoxia religiosa. Una de las autoridades más socorridas es la del matemático y astrónomo jesuita Cristóbal Clavio,[58] así como Pedro Apiano, Cornelius Gemma, Jerónimo Cardano, Tartaglia, Felipe Lansbergio,[59] Juan Antonio Magini,[60] Copérni-

[58] Posiblemente tuvo entre sus manos los *Comentarios a la Esfera de Sacrobosco* reeditados muchas veces, o bien la *Opera Mathematica* (Mainz, 1612). Las obras del padre Clavio (1538-1612) fueron para nuestros científicos de la primera mitad del siglo XVII lo que las obras del jesuita Athanasius Kircher (1602-1680) serían para nuestros científicos de la segunda mitad del mismo siglo. La fama de Clavio le viene principalmente de su intervención en la reforma del calendario.

[59] Philip van Lansberg (1561-1632), astrónomo de ideas copernicanas. Fray Diego hizo uso frecuentemente de sus *Efemérides*, las cuales le fueron de mucha utilidad en el cálculo de la longitud del valle de México (véase *infra*, nota 66).

[60] Juan Antonio Magini, astrónomo italiano apegado a las teorías de Tycho Brahe. Fray Diego hizo uso de sus *Efemérides*

co,[61] Kepler, Tycho Brahe,[62] Erasmus Reinhold, Longomontano, Michael Maestlin, William Gilbert y Claudio Dechales [63] por no mencionar sino a unos cuantos.

Este recurso a los autores más destacados de su época y que habla mucho a favor de la erudición de nuestro autor, no le resta originalidad a su obra. Las autoridades jugaron en su obra el papel de sustrato sobre el cual apoyarse para obtener nuevos resultados.

ESCRITOS MATEMÁTICOS

Dentro de lo que fray Diego llama *"Matemáticas puras"* están los tres primeros manuscritos que mencionamos al hablar de su obra. Su primer estudio lo consagra a la *Geometría*. Analiza las figuras simples y se

y otras obras para determinar la longitud del valle de México (véase *infra*, nota 66).

[61] El *De Revolutionibus* se encontró en la biblioteca de Melchor Pérez de Soto pese a estar ya en el índice de libros prohibidos. En su *Doctrina*, fray Diego hace uso de la "hipótesis" copernicana para la elaboración de tablas astronómicas.

[62] Tanto Tycho como Kepler y Longomontano son mencionados con frecuencia, sobre todo el primero. Hizo uso de las *tablas astronómicas* de los tres para determinar la longitud del valle de México (véase *infra*, nota 66).

[63] Claudio Milliet Dechales (1621-1678), autor de una monumental obra matemática *Cursus seu Mundus Mathematicus* (Lugduni, 1674, 3 vols.; 1680, 4 vols.), se carteaba con fray Diego y a él le envió por primera vez nuestro mercedario su obra perdida de *Logaritmos*, la cual no se imprimió pues se le dijo que el padre Dechales "estaba ya muy viejo" para ocuparse de ello... (Pareja, *op. cit.*, II, pp. 245-247). Véase D. E. Smith, *History of Mathematics*, New York, 1951, I, p. 386.

50

detiene largamente en el estudio del círculo, la parábola, la elipse (de la cual propone un ingenioso método para dibujarla) y la hipérbola. Incluye una curiosa sección de problemas geométricos interesantes. Este primer tratado está profusamente ilustrado de figuras geométricas, algunas de notable complejidad. Hacia el final de su *Geometría* inserta un breve tratado de aritmética donde ofrece ciertas nociones sobre raíces y potencias, remitiendo para una mayor exposición a lo que él llama *"otro quaderno"* que no es otro que su tratado *De los logaritmos y artimética.*

En esta obra, que se abre con largas tablas de logaritmos, fray Diego da instrucciones para su manejo así como ciertas demostraciones para ejercitarse en su uso. Pasa luego a explicar su aplicación a la resolución de potencias y raíces. A continuación redacta las primeras tablas logarítmicas de funciones trigonométricas hechas en México de que tenemos noticia, lo que nos muestra lo avanzado que en dichos conocimientos estaba nuestro mercedario. La utilidad astronómica de estas últimas es evidente.[64]

[64] Desde mediados del siglo XVI se usaban *tablas* de funciones trigonométricas cada vez más precisas. Las tablas de senos con un radio de 10^{10} y aun de 10^{15} elaboradas por Rhaeticus eran de mucha utilidad, pero exigían una labor gigantesca. Todas estas tablas resultaron obsoletas de golpe cuando, en 1620, Edmund Gunter publicó sus *Tablas logarítmicas* de funciones trigonométricas. Independientemente, én la Nueva España, el padre Rodríguez elaboró sus propias *tablas logarítmicas* que no tuvieron mayor trascendencia que la de haber sido usadas por el mismo que las elaboró. No creemos que existan muchos años de distancia entre las *tablas* de Gunter y las de fray Diego que nadie nunca conoció y que fueron elaboradas independientemente de aquéllas.

En su *Tratado de las equaciones*, que es la última
obra de su trilogía matemática "pura", el padre Rodríguez desarrolla la solución de ecuaciones (que él
denomina "igualaciones") cuadráticas, cúbicas y de
cuarto grado (que para su época era un gigantesco
avance) con las variantes de cada una. Usando abre-
viaturas y símbolos, cuya significación es en ocasiones
difícil de determinar, nuestro mercedario nos dejó en
este último manuscrito quizá el tratado más completo
y mejor elaborado de toda su obra, así como el estudio
que mayor número de aportaciones hubiera podido
haber hecho —de ser conocido— a las matemáticas
de su época.

ESCRITOS ASTRONÓMICOS

A dos ramas de las *"Matemáticas impuras"* concedió
fray Diego particular interés: a la gnomónica y a la
astronomía, ya que es indudable que son dos disciplinas muy relacionadas entre sí. La exactitud exigida
por las mediciones astronómicas requería de relojes
precisos, ya que unos cuantos segundos de tiempo de
error, que equivalen a varios minutos de arco, podrían
desvirtuar enormemente una medición astronómica
cualquiera. Se hacía cada vez más patente la influencia de los cambios atmosféricos. Sobre todo para fijar
la longitud de un lugar determinado era necesario
calcular la diferencia del tiempo local en la observación simultánea de un fenómeno astronómico, por
ejemplo un eclipse. O se usaban tablas y efemérides,
en ocasiones totalmente obsoletas, o bien se empleaban
buenos relojes que midiesen con un mínimo de error
al mencionado fenómeno en dos puntos distintos del

52

globo. El intercambio de los datos obtenidos y el cotejo de ambos podía permitir (apoyándose en tablas más actualizadas) determinar la longitud del sitio que se buscaba fijar. Consciente de esta necesidad, fray Diego redactó su voluminoso *Tratado del modo de fabricar reloxes* que pretendía, ante todo, lograr una cronometría exacta que le facilitase sus cálculos astronómicos. Los métodos empleados por el padre Rodríguez fueron principalmente geométricos.[65]

Sus resultados debieron ser bastante satisfactorios, ya que logró fijar en el año de 1638 la longitud del valle de México con una precisión que ahora nos sorprende.

Conviene que recapitulemos someramente esta determinación de fray Diego y las diversas opiniones que ha suscitado.

La longitud del valle de México se había intentado calcular desde el siglo xvi pero lo resultados obtenidos estaban bastante alejados de la realidad. Otras determinaciones no menos erróneas fueron hechas a principios del siglo xvii por Henrico Martínez y por Diego de Cisneros.

El 20 de diciembre de 1638 ocurrió un eclipse de luna que fue observado por fray Diego Rodríguez y por el médico y astrólogo Gabriel López de Bonilla. Los cálculos de dicho eclipse los incluyó fray Diego en la última parte de su *Tratado del modo de fabricar*

[65] No será sino hasta las investigaciones sobre el péndulo llevadas a cabo por Galileo y Huygens, cuando se logre una cronometría que resulte bastante exacta. El *Horologium Oscilatorum* de Huygens, que aplicaba la isocronía del movimiento pendular a la construcción de relojes, apareció en 1673. En el siglo xvi fue Gemma Frisius quien propugnó por la simultánea medición de un eclipse para determinar la longitud de un lugar.

reloxes, en donde incluyó un esquema del fenómeno. El método que empleó fue el de la diferencia de meridianos usando para ello las tablas de Magini, Tycho Brahe, Kepler, Lansbergio y Longomontano,[66] y por supuesto sus propias tablas astronómicas. Estas últimas están incluidas en su obra *Doctrina general repartida por capítulos de los eclipses de sol y luna*.[67] El resultado obtenido por fray Diego fue de 6h 45′ 50″ o sea 101° 27′ 30″ al occidente de París.

La exactitud de esta determinación fue reconocida en el mismo siglo XVII por Sigüenza y Góngora quien nos dice que fray Diego empleó "solamente" las *tablas* de Antonio Magini para obtener esos resultados.[68] Ignoraba los otros cálculos del padre Rodríguez y se aventura a corregirlo fijándole al valle de México una longitud de 6h 48′ 5″ al occidente de París.

En el siglo XVIII el más fino astrónomo mexicano de esa centuria Joaquín Velázquez de León, reconoció la exactitud de los resultados de fray Diego y de Sigüenza y Góngora [69] y la dificultad que había entonces

[66] Magi usó las *Tablas Tychonicas* (*Efemérides*), de Kepler las *Tablas Rudolphinas*, de Lansbergio las *Efemérides*, y de Longomontano (Christain Sörensen) la *Astronomía dánica*. Los puntos de referencia fueron: Venecia, Goeza (Graz ?), Haphnia (Hveen-Uranibourg ?), Frankfurt y Roma.

[67] Esta obra manuscrita está encuadernada en un solo volumen en cuarto junto con la obra de Antonio Magini, *Supplementum Ephemeridum ac tabularum secundorum mobilium* (Francofurti, 1615). Las *tablas* de fray Diego se encuentran a continuación del tratado.

[68] Carlos de Sigüenza y Góngora, *op. cit.*, p. 181. Sigüenza conocía bien la *Doctrina general* y el *Discurso etheorologico* de fray Diego y se inspiró ampliamente en ambas obras para redactar su *Libra astronómica*.

[69] *Observaciones del Sr. Joaquín Velázquez de León para ave-*

para obtenerlos.[70] En el año de 1762, Velázquez mismo hizo uso de los cálculos de ambos y sacando un valor medio entre los dos obtuvo como resultado 6h 47′ 2″. José Antonio Alzate, por su parte obtuvo en 1786, un valor de 6h 42′ 0″.[71]

Nos hemos detenido en algunos detalles de esta historia en la determinación de la longitud del valle de México ya que será ilustrativo de lo que a continuación expondremos.

En su *Análisis razonada del atlas geográfico y físico de la Nueva España* el barón Alejandro de Humboldt fijó, por propias y ajenas observaciones, la longitud del valle de México en 6h 45′ 42″ al occidente de París. Considerando su determinación como definitiva y plenamente valedera, recapituló, como nosotros lo hemos hecho, las determinaciones anteriores a la suya y llegando al siglo xvii dice del P. Rodríguez lo siguiente:

riguar la longitud del valle de México, AGN, Historia, vol. 558, f. 74. Véase Santiago Ramírez: *Estudio biográfico del señor don Joaquín Velázquez Cárdenas y León*, México, 1888, p. 11.

[70] *Observaciones del Sr. Joaquín Velázquez de León*, f. 81. Dice que durante el siglo xvii, para obtener estas determinaciones: "...entonces no había efemérides de las de ahora, en que todo se encuentra bien hecho sin trabajo; era preciso trabajar y sacar los fenómenos a punta de trigonometría esférica y astronomía especulativa y bien apurada". Véase también M. Sánchez Lamego: *El primer mapa general de México elaborado por un mexicano*, México, 1955, p. 21.

[71] En torno a las diferentes determinaciones hechas por Velázquez de León, Alzate y León y Gama y a la polémica que se levantó por este motivo puede verse Roberto Moreno y de los Arcos: *Joaquín Velázquez de León y sus trabajos científicos sobre el valle de México, 1773-1775*, unam, Facultad de Filosofía y Letras, México, 1973 (tesis), pp. 144 ss.

Algunos geómetras mejicanos del siglo XVII habían *adivinado* bastante bien la verdadera longitud de la capital. El padre Diego Rodríguez, del Orden de Nuestra Señora de la Merced, profesor de matemáticas en la universidad imperial de México, y el astrónomo Gabriel López de Bonilla, adoptaron 7h 25′ por la diferencia de meridianos entre Uranienburgo y la capital de donde se sigue la longitud de 101º 37′ 45″ = 6h 46′ 29″.[72]

El respetuoso desdén que afecta Humboldt en el párrafo que antecede es tanto más discutible cuanto que le atribuye a fray Diego el haber obtenido resultados que el mercedario jamás imaginó. Ignoramos de dónde obtuvo Humboldt esos datos, pues no sólo no conoció la obra de nuestro mercedario sino que presumiblemente tampoco tuvo acceso a la *Libra* de Sigüenza.[73] Podría pensarse que los tomó de los papeles de Velázquez de León de que ya hemos hecho mención, aunque esto también es dudoso, dado que los datos

[72] Alejandro de Humboldt, *Análisis razonado del atlas geográfico y físico de la Nueva España* en *Ensayo político sobre Nueva España*, Librería de Lecointe, París, 1836, 3ª ed., p. 176. (Las cursivas son nuestras.)

[73] En el valioso estudio hecho por José A. Ortega y Medina a las fuentes del *Ensayo* de Humboldt se indica que éste conoció las determinaciones de fray Diego a través de la *Libra* de Sigüenza y Góngora. (Alejandro de Humboldt: *Ensayo político sobre el Reino de la Nueva España*. Anexo II. *Fuentes citadas por Humboldt en el Ensayo* (E) *ya en la Introducción geográfica* (IG) *ya en ambas*, p. CXL.) Empero conviene observar que Humboldt conoció la *Libra* sólo por *referencias indirectas* según él mismo lo hace notar. (Humboldt, *Atlas razonada*, p. 176, n. 2. Humboldt escribe: "Yo debo la noticia de este libro del señor Sigüenza, que es muy raro, al señor Oteiza, que ha tenido a bien volver a calcular muchas observaciones antiguas hechas por astrónomos mejicanos".)

que Humboldt **apunta** como de fray Diego no son los que utilizó Velázquez de León en sus cálculos.

Pero no se detiene aquí el científico alemán. Líneas más adelante aventura un juicio tan injusto como poco fundado. Hablando de las observaciones del padre Rodríguez y de Sigüenza y del cotejo que hizo de éstas con sus propios resultados, dice lo siguiente:

Unas observaciones tan *antiguas y tan poco escrupulosas no pueden dar ninguna seguridad;* tanto más cuanto que los dos geómetras mejicanos que acabamos de citar, Rodríguez y Sigüenza, *no se hallaban con bastante capacidad para obtener los resultados que acabamos de enunciar.*

Y generalizando todavía más añade lo siguiente:

Ellos *conocían tan mal las diferencias de meridianos* entre Uranienburgo, Lisboa, Ingolstadt y la isla de Palma que *concluyeron* de los mismos datos indicados en la *Libra Astronómica y Filosófica,* que Méjico está situado a los 283º 38′ al O. del primer meridiano de la isla de Palma o a 96º 40′ = 6h 26′ 40″. Esta longitud se diferencia en la verdadera en 100 leguas marítimas, y en 240 leguas de las que adoptaba el geógrafo Juan Covens a mediados del siglo pasado.[74]

Ambos fragmentos hablan por sí mismos de lo superficial y ligero de los juicios de Humboldt sobre nuestro mercedario. Está plenamente justificada la observación que Orozco y Berra hizo el siglo pasado acerca de lo poco serias que son en este aspecto las opiniones del

[74] Humboldt, *Atlas razonada*, p. 177. (Las cursivas son nuestras.)

sabio viajero.[75] Más aún, haciendo un cotejo de los resultados obtenidos podremos observar dos puntos interesantes. En primer término los resultados logrados por fray Diego en 1638 son más exactos que cualesquiera de los obtenidos hasta mediados del siglo XIX, incluyendo los de Humboldt,[76] como bien puede observarse en la tabla siguiente en la que hemos incluido la determinación hecha por Francisco Díaz Covarrubias hacia 1881:

Determinaciones de la longitud del valle de México
(Los valores están tomados en relación al meridiano de París.)

Fray Diego Rodríguez (1638):   6h 45' 50"
Carlos de Sigüenza y Góngora (1690):   6h 48' 5"
Joaquín Velázquez de León (1762):   6h 47' 2"
José Antonio Alzate (1786):   6h 42' 0"
Alejandro de Humboldt (1803):   6h 45' 42"
Francisco Díaz Covarrubias (1881):   6h 45' 49" 2

Como puede observarse, el "error" de fray Diego es sólo de "ocho décimas de segundo en tiempo o doce segundos en arco, que no es ni puede ser error".[77] La diferencia entre Humboldt y el padre Rodríguez es de ocho segundos en tiempo o dos minutos en arco, siendo más precisa la determinación del fraile como puede observarse. Además, como ha indicado un autor, el mapa donde Humobldt fija la posición del valle

---

[75] Manuel Orozco y Berra, *Apuntes para la historia de la geografía en México*, México, 1881, pp. 223 ss.

[76] *Ibid.*, p. 222.

[77] *Ibid.*, pp. 221-222.

de México tiene un error de diez minutos "más al occidente de lo que el propio Humboldt reconoce en la introducción al *Atlas*",[78] lo que hace que la determinación de Velázquez de León también sea más precisa que la del científico alemán.

De todo lo anterior podemos concluir que para toda la época colonial y buena parte de la independiente, la determinación más exacta de la longitud del valle de México fue hecha en la primera mitad del siglo xvii por un ignorado fraile mercedario que construía sus propias tablas y aparatos y que fue injustamente tildado de "adivinar" sus resultados precisamente por aquellos que no alcanzaron, siglo y medio más tarde, la precisión lograda por él.

Algunas de sus ideas astronómicas

Es lógico que fray Diego poseía, unida a la noción de experiencia y de cuantificación que acabamos de ver, una noción más general del cosmos. Esta idea —es evidente— estaba apoyada en los datos experimentales obtenidos por él mismo y en la lecturas de otros autores tales como Copérnico, Tycho Brahe, Kepler y Galileo. De estos conoció —como ya vimos— sus mediciones y cálculos, pero también fue perfectamente consciente de las nuevas teorías astronómicas y cosmológicas que dichos cálculos implicaban.

Un aspecto sobresaliente de la modernidad científica del padre Rodríguez radica en su impugnación del principio de autoridad, en concreto de la de Aristóteles, cuando de asuntos científicos y sobre todo astronó-

[78] Roberto Moreno, *Joaquín Velázquez de León*, pp. 147 ss.

micos se tratase. Hablando fray Diego de la incorruptibilidad de los espacios ultralunares dice lo siguiente que debió sonar como una herejía a los peripatéticos oídos de sus contemporáneos: "Y lo que Aristóteles quitó de los cielos para que fuesen incorruptibles, eso mismo hemos de poner para que [no] lo sean..." [79]

Este paraje cobra relevancia si comprendemos que fue escrito cuarenta y seis años después del *Repertorio* de Henrico Martínez y unos cuantos años después de las obras de fray Andrés de San Miguel que hacían abierta profesión de peripatetismo y de geocentrismo.

Para fray Diego, los *cielos* (o sea la zona que quedaba en la cosmología antigua y medieval más allá de la *esfera* de la Luna), no eran *sólidos* ni incorruptibles ya que por ellos podían correr libremente los cometas. Deslindando con tacto la fe de la ciencia dice lo siguiente refiriéndose a la inexistencia de esferas cristalinas: "El haber cielos sólidos, fluidos, o un purísimo ether no es de fe..." [80]

Y con un dejo de ironía añade: "No son aquellos cielos papel batido donde Dios escribe pronósticos felicísimos a los hombres con letras resplandecientes." [81]

La corruptibilidad de los espacios ultralunares se demuestra en los paralajes de los cometas y por los satélites que han podido observarse en los planetas Júpiter y Saturno.[82] Esta opinión de nuestro mercedario además de ser bastante avanzada para sus tiempos bien pudo haber sido calificada de heterodoxa, pues de ella

[79] Fray Diego Rodríguez, *Discurso etheorologico*, f. 17.
[80] *Ibid.*, f. 13.
[81] *Ibid.*, f. 24.
[82] *Ibid.*, f. 13. Esto demuestra el conocimiento que poseía fray Diego de los "heterodoxos" descubrimientos de Galileo.

se desprenden ciertas conclusiones no muy acordes con la ortodoxia religiosa de la época, como veremos un poco más adelante.

La teoría de los cometas de fray Diego (que es el tema de su *Discurso*) nos muestra una curiosa faceta de su modernidad científica tanto más interesante cuanto que don Carlos de Sigüenza y Góngora en su *Libra astronómica y filosófica* tomará buena parte de los conceptos expuestos aquí por nuestro mercedario. Refuta éste la teoría de las "exhalaciones secas" y dice que nada podemos saber acerca de los cometas, ni su origen ni su naturaleza.[83] Niega la posibilidad de que los cometas causen males pues existen cometas que podrían ser considerados como buenos augurios. Así después de reconocer que algunas veces los cometas coinciden con algún mal, añade:

> No por esto se colige, y queda comprobado, que todo cometa sea malquisto, y el malsín del cielo, y que sólo tenga gusto cuando ve y hace llorar, porque aunque esto sea así en muchos, hay cometas también plácidos, alegres, músicos y cantores; amigos de festines, y que son correos y portadores de buenas nuevas.[84]

Los cometas son ultralunares, o como dice fray Diego, "de la luna para arriba", pues sus paralajes así lo demuestran. Cree que la órbita de estos astros es circular y refuta a Kepler quien las creía rectilíneas. Los cometas, nos dice nuestro mercedario,

> se mueven por un círculo máximo tan idefectiblemente como los mismos astros, orden sólo del cielo, y no de

[83] *Ibid.*, f. 8.
[84] *Ibid.*, f. 25.

la región del aire, que ni aun rapto se les debe conceder; muévense al principio veloces y después tardos circularmente, y sin alguna excentricidad, y no con movimiento rectilíneo como quiso Juan Kepler, no admitido en la naturaleza.[85]

Además, añade, el movimiento rectilíneo no ha sido nunca "verificado en la materia celeste".[86]

Como complemento de su teoría de los cometas, esboza fray Diego su hipótesis gravitacional, que resulta poco original. Se apoya en las teoría de William Gilbert quien en su obra *De Magnete* pensó que existía una especie de campo de fuerza (*orbis virtutis*) alrededor de la tierra, la cual poseía una virtud magnética. Partiendo de la hipótesis de Copérnico generalizó esta teoría de la atracción magnética a todo el sistema solar, dando una explicación de los movimientos de los planetas y de rotación de la tierra.[87]

El padre Rodríguez se adhiere a estas hipótesis, que ciertamente representan un avance con respecto a lo sostenido por Henrico Martínez en su *Reportorio*.[88] Hablando de los cometas dice fray Diego lo siguiente:

[85] *Ibid.*, f. 13.

[86] *Ibid.*, f. 16.

[87] Gulielmi Gilbert, *De Magnete magneticisque, et de magno magnete tellure; Physiologia nova plurimis et argumentis et experimentis demonstrata*, Peter Short, Londres, 1600. Ver el *Libro sexto*. (El título de la obra en español sería: *Del imán, los cuerpos magnéticos y el gran imán, la tierra; Nueva fisiología expuesta con muchos argumentos y experimentos*.) Esta obra no es citada por Sigüenza en su *Libra* pero sí aparece en la biblioteca de Melchor Pérez de Soto (*Documentos para la historia de la cultura en México*, p. 73).

[88] Henrico Martínez, *Reportorio de los tiempos e historia natural de Nueva España*, Secretaría de Educación Pública, México, 1948, pp. xvi y 5.

"Hay algunas *virtudes* en el cielo tan fuertes y eficaces (y más si son cercanas al cometa, y de su propia naturaleza...) que llaman al cometa a aquélla parte *como la piedra imán al acero.*" [89]

Ahora bien, es lógico suponer que, congruente con este modo de pensar, nuestro fraile aceptase también la hipótesis heliocentrista tal y como Gilbert lo había hecho. Ésta será la última faceta que analizaremos de nuestro autor.

Mucho se ha especulado en el sentido de que en la Nueva España de los siglos XVII y XVIII los hombres de ciencia optaron por aceptar como valedera la tesis ecléctica de Tycho Brahe, la cual, aunque inaceptable científicamente desde los estudios de Kepler y Galileo, quienes sancionaron definitivamente el copernicanismo, les proporcionaba en cambio una solución adecuada y que no estaba en abierta oposición con la doctrina de la Iglesia. De Sigüenza y Góngora a Gamarra y Clavijero, ésta fue probablemente la actitud más generalizada.

Pero esta postura de nuestros científicos y astrónomos no les impedía adherirse a la teoría heliocentrista a la cual consideraban, disimuladamente, como una "mera hipótesis", cuyos cálculos eran aceptables pero que no reflejaba la realidad física que describía. De esta manera se abrazaba plenamente una teoría errónea que salvaba los datos de la *Escritura*, la de Tycho, y se dejaba de lado la hipótesis de Copérnico que no llenaba los requisitos de la revelación bíblica.[90]

[89] Fray Diego Rodríguez, *Discurso Etherologico*, f. 22. (Las cursivas son nuestras.)

[90] No mencionamos aquí a los astrónomos mexicanos que en

En el caso de fray Diego el análisis de su obra astronómica nos revela una actitud diferente. Sabemos, es cierto, que usó de las tablas de Tycho y de algunos de sus seguidores tales como Magini. Además dedicó todo un opúsculo al cálculo de eclipses de sol y luna según el método propuesto por Tycho, a quien, por lo demás, cita muy a menudo en sus obras astronómicas. Incluso es evidente que muchos de sus cálculos astronómicos los hizo siguiendo los métodos del astrónomo danés, de donde podemos concluir que en cuanto a mediciones astronómicas se refiere fray Diego fue, en buena medida, un seguidor de Tycho Brahe.

Pero el adherirse a los métodos científicos de un autor no implica necesariamente concordar con los postulados generales de su teoría. Y creemos que éste es el caso de nuestro mercedario.

Fray Diego elaboró dos breves capítulos de su *Doctrina* basado plenamente en las teorías copernicanas.[91] Por otra parte es evidente que apoyaba la teoría de la rotación de los planetas alrededor de un punto que no es la tierra, pero que nunca afirma abiertamente que fuera el sol. En un breve pasaje de su *Discurso* donde diserta acerca de la imposibilidad de que existan cielos cristalinos da como segundo argumento el siguiente: "La segunda razón [*en contra de que haya cielos sólidos*] sea de *los movimientos de los cinco planetas Saturno, Júpiter, Marte, Venus y Mercurio (como afirma*

los dos siglos mencionados continuaron apegados a la teoría geocentrista de Tolomeo.

[91] Véase *Doctrina general repartida por capítulos de los eclipses de sol y luna*, ff. 68 y 74, donde desarrolla y compara los cálculos de Copérnico y de "*los antiguos*".

*Tycho y otros muchos) que se mueven alrededor del Sol
concéntricamente...*" [92]

Este fragmento es contradictorio, pues según la teoría de Tycho, sólo Mercurio y Venus giran alrededor del sol, el cual junto con Marte, Júpiter y Saturno, gira alrededor de la Tierra. Pero lo que aquí expone fray Diego no es la teoría de Tycho Brahe (pese a que él así lo afirme) sino la de Copérnico; y por el sencillo expediente de ignorar a la Tierra y no afirmar explícitamente que, junto con los otros cinco planetas que mencionó, gira también alrededor del sol, salva su ortodoxia religiosa y afirma indirectamente su verdadero credo astronómico. Páginas adelante de esta misma obra llega incluso a afirmar que no sólo los cinco planetas mencionados giran alrededor del sol, sino también los cometas,[93] lo que ratifica todavía más sus creencias heliocentristas. Es pues nuestro mercedario un heliocentrista encapuchado. Y no podía ser de otro modo. El gran conocimiento que tenía de las obras astronómicas de su tiempo, y sus propios cálculos y reflexiones debieron haberle revelado, quizá ya desde sus años mozos, lo falaz de las teorías geocentristas y la realidad del heliocentrismo. Asiduo lector como lo fue de Copérnico, Kepler y Galileo, terminó por aprobar sus hipótesis.

Este último aspecto de la obra de nuestro mercedario lo honra sobremanera y lo hace una verdadera excepción en la historia de la ciencia en nuestro país. Fue seguramente el más destacado matemático y astrónomo del siglo XVII y uno de los mejores exponentes de las ciencias exactas de la época colonial.

[92] Fray Diego Rodríguez, *Discurso Etheorológico*, f. 13. Las cursivas son nuestras.
[93] *Ibid.*, f. 20.

III. LA GEOMETRÍA DE LO INFINITO: ACERCA DE UN MANUSCRITO CIENTÍFICO MEXICANO DEL SIGLO XVII *

From harmony, from heavenly harmony,
this universal frame began.
From harmony to harmony
through all the compass of the notes it ran.
The diapason closing full in Man.

De la armonía, de la celestial armonía
comenzó esta trama universal.
De armonía en armonía
a través del compás de las notas que emanó.
La melodía que culmina en el Hombre.

John Dryden (1687)

Dentro de la amplia y variada producción científica de la Nueva España barroca existe una obra que, por su significación y contenido, resulta impar entre los textos de este género no solamente del siglo xvii sino también de las otras dos centurias coloniales. Su título es *Tractatus Proemialium Mathematices* y fue escrito por el olvidado fraile mercedario Diego Rodríguez, quien lo puso como discurso preliminar de su vasta obra matemático-astronómica que llena varios cientos de folios manuscritos, los cuales lamentablemente nun-

* *Diálogos*, vol. XVI, 4, (94), jul.-ago., 1980, pp. 12-14.

ca fueron llevados a las prensas impresoras, pese a que su autor gozó en su época de una merecida y dilatada fama como hombre de ciencia, ya que ocupó durante más de treinta años (1637-1668) la cátedra de matemáticas en la Real y Pontificia Universidad de México y fue, además, experto en asuntos de ingeniería y un consumado astrónomo práctico.[1]

El carácter enciclopédico de su producción científica salta a la vista apenas repasamos los temas de los que se ocupó y que van, desde la aritmética elemental y los principios de la geometría clásica hasta la resolución de ecuaciones bicuadráticas y el uso de los logaritmos en el cálculo de problemas astronómicos; todos ellos articulados e incardinados en un vasto *corpus* matemático[2] fruto de sus investigaciones personales y de sus comentarios, tanto de los textos antiguos como de los autores más avanzados de su época, fueran ortodoxos o heterodoxos y de los cuales el padre Rodríguez tenía un profundo conocimiento. El proemio que fray Diego puso en fecha tardía al frente de sus escritos no fue sino el epítome, la visión de conjunto, la síntesis reveladora que un genial hombre de ciencia y un profundo pensador alcanza en el ocaso de sus días y que se permite verter en pocas pero luminosas frases al frente de los in-folio manuscritos que consumieron los mejores años de su juventud y madurez. Al es-

[1] En el artículo precedente hemos intentado dar un esbozo de la vida y obra de este autor. En breve daremos a la luz un trabajo más amplio acerca del padre Rodríguez y su obra.

[2] Fray Diego Rodríguez estructuró su obra siguiendo las pautas de las enciclopedias matemáticas de su época, en particular la del jesuita Cristóbal Clavio, cuya *Ópera* (1612) parece haber sido una de sus fuentes más importantes.

cribir su *Tractatus Proemialium Mathematices* nuestro mercedario recapituló sus afanes pasados, los ponderó largamente, permitió que el espíritu crítico actuara con virulencia para poder así, con el ánimo ya sosegado, destilar el residuo de fe que anima toda producción científica. El resultado de todo ello fue, como debía de ser, un credo, es decir una confesión personal. Como nuevo Boecio, quien por otra parte fue su inspiración y guía, fray Diego buscó en la matemática la misma consolación que aquél encontró en la filosofía.

El *Tractatus* [3] es un largo y pulcro escrito latino que porta como subtítulo *Breve tratado de las elementales disciplinas matemáticas*. Posee una breve sección introductoria y está dividido en seis capítulos cuyos títulos son: —De la Matemática en general. Qué cosa es la Matemática y en qué medida y razón se distingue de la física y de la metafísica. Cómo se distinguen sus principales ramas entre sí. —De la división de las disciplinas matemáticas en puras y en impuras y de sus definiciones. —De la prestancia y de la utilidad de la geometría especulativa. —De la división de la Geometría y de los *Elementos* de Euclides. —Qué cosa es teorema, qué problema, qué proposición y qué lema, para los matemáticos. —Cuáles son los principios de las Matemáticas.[4]

Después de dedicar la obra a su "Mater Alma Mexicana Academia", es decir a la Universidad,[5] y de advertir al lector que el conocimiento se alcanza "no hojeando los folios de los libros, sino aprendiendo con el

[3] *Tractatus Proemialium Mathematices y de Geometria* (MS) Biblioteca Nacional de México [Signatura: MS., 1519].

[4] *Ibid.*, ff. 1r-12v.

[5] *Ibid.*, f. 1v.

corazón hasta alcanzar la razón y la sabiduría", el padre Rodríguez inicia su exposición dividiendo a las ciencias matemáticas en puras e impuras o mixtas, para de ahí pasar a dar razón de los temas que tratará y que no son otros que las relaciones de la *geometría* y la *aritmética* con la *astrología* (que aquí tiene la acepción de *astronomía*) y la *música*. Estas son sus palabras:

> Nosotros, siguiendo el ejemplo de los antiguos y el de otros no menos ilustres ingenios de nuestro tiempo (con los que felizmente se adorna y corona esta Alma Mater Academia Mexicana) deseamos ofrecer un tratado útil y provechoso que no comprenda a todas las siete artes o liberales disciplinas sino únicamente a las Matemáticas, entre las que están en primer término la aritmética y la geometría, y en segundo lugar (como impuras que son) la astrología y la música.

Estas artes, que forman el *quadrivium pitagórico*, son para fray Diego la base de todo conocimiento ya que representan "los casi óptimos instrumentos con los que el ánimo prepara el camino a la plenitud del conocimiento filosófico". El sabio, al inclinarse sobre ellas y aprehenderlas con el espíritu, podrá elevarse hasta la comprensión serena del cosmos regido por leyes numerales inmutables y armónicas. El método a seguir para lograr este propósito se basa en un perfecto dominio del instrumento de conocimiento por excelencia donado por el gran geómetra creador a los hombres: la matemática. Nuestro mercedario la concibe como una disciplina ajena a "cuanto se especula filosóficamente acerca de ella", es decir como un método de conocimiento, el más perfecto de todos, del mundo físico, cuyo lenguaje es unívoco, es decir, que posee "un sim-

69

ple y único modo de connotar", pero que, por otra parte, puede utilizar dos tipos de conceptos cuantitativos a saber: los continuos y los discontinuos. De los primeros se ocupan la geometría, la perspectiva y la astronomía; de los segundos la aritmética y la música. La precisión obtenida por el uso de este instrumento en la tarea de arrebatarle sus secretos al cosmos está determinada por la habilidad de aquel que lo emplea:

Un verdadero matemático —escribe fray Diego— aborda cualquier problema, eliminando los obstáculos que se le oponen y que parecen contradecir sus razonamientos; para posteriormente demostrar, comprobar y confirmar, firme e infaliblemente, su proposición, eliminando absolutamente todas las dudas del intelecto.[6]

Como muchos otros matemáticos eminentes del siglo XVII, fray Diego Rodríguez fue ante todo un geómetra, de ahí que a lo largo de todo este *Tractatus* insista una y otra vez en el hecho de que la geometría, como "ciencia de las magnitudes, de las proporciones y de las figuras", está en la base de cualquier otro saber matemático. Para apoyar su tesis acude a los argumentos clásicos en favor de aquella ciencia expuestos por Euclides, Platón y Proclo. Alude a las múltiples ramas de la geometría [7] y, como es de suponer en un geómetra del siglo XVII, se detiene largamente en el análisis de esta disciplina en sus aplicaciones a los estudios de óptica, definiendo lo que es la dióptrica, catóptrica, sciográfica, especularia y escenográfica. A continuación se refiere a las aplicaciones prácticas de la

6 *Ibid.*, ff. 2r-3r.
7 *Ibid.*, f. 3r.

geometría tales como la geodesia y la agrimensura, para
pasar posteriormente a señalar sus relaciones con la arquitectura, por la cual sentía particular predilección según deja traslucir el siguiente fragmento:

> La arquitectura parece ser del linaje de la geometría
> por su empleo de la perspectiva; pero también de la
> aritmética. Platón en su libro que trata sobre el arte
> de gobernar y también Vitrubio la definen como la
> ciencia que ha menester de muchas y varias discipli
> nas, así como del adorno de varias erudiciones y que
> pone a prueba las obras que otras artes perfeccionan.
> En efecto, la arquitectura busca la eficacia práctica de
> los objetos, inquiriendo acerca de la belleza oculta
> de las cosas.[8]

Al igual que muchos de sus contemporáneos inclinados a este tipo de estudios, nuestro fraile mercedario
era partícipe de ese saber arcano y hermético, propio
de un selecto grupo de iniciados, que le concedía a la
arquitectura el secreto de las proporciones geométricas,
de las armonías antropomórficas ocultas y de las simetrías recónditas, enmascaradas dentro de las trazas
y los volúmenes arquitectónicos.

De la aritmética afirma que es la ciencia de "los números y de sus propiedades en abstracto", cuyo máximo don es el de revelar los ritmos secretos de los
números, ocultos al no iniciado pero perceptibles a los
ojos del sabio. Esta es la ciencia de las ciencias, la
arcana arcaníssima, el tetragramaton divino, compuesto del infinito de combinaciones matemáticas. Sus relaciones con la música resultaban evidentes cuando pen

<hr>

[8] *Ibid.*, f. 4v.

samos que el padre Rodríguez concebía a esta última como la ciencia de los "números sonoros y de sus relaciones con la armonía". Las proporciones aritméticas y geométricas de la música eran obvias al versado en estos asuntos:

La música posee racionalmente series numerales concretas para los sonidos y las voces y no es, como al gunos han dicho, semejante al agua corriente insípida, es decir sin humor ni gusto. La música es la ciencia de las musas cuyo canto es la armonía perfecta.[9]

Para el sabio, esta cualidad aparecía tanto en los pasajes musicales caracterizados por esos "cromatismos delicados y suaves lamentaciones", como en los "tristes y lúgubres" o en los "graves y firmes".

La última de las ciencias y que en cierta forma comprende a todas, es la astronomía, es decir "la ciencia de los cielos y las estrellas y sus movimientos y efectos", los cuales según nuestro autor, están apoyados en "razones o principios geométricos y aritméticos", de ahí su relación con la música según ya había sido establecido por Pitágoras a quien siguieron "todos los matemáticos y no pocos filósofos". Además, la astronomía se diferencia de la astrología,[10] que es el arte de la predicción, en que sus métodos son matemáticos y por ende de rigurosa comprobación: "La astronomía busca las elevaciones, diferencias y distancias de los astros, estudia su comportamiento para posteriormente deducir los teoremas astronómicos que los gobiernan." [11]

9 *Ibid.*, f. 3v.
10 *Ibid.*, f. 7r.
11 *Ibid.*, ff. 6v-7r.

Estos "teoremas" no son otros que los que rigen las armonías musicales del movimiento de los planetas según ya habían sido establecidos por Kepler, primeramente en su *Mysterium Cosmographicum*, obra en que relacionó los cinco sólidos perfectos de Euclides, también llamados "cuerpos platónicos", a saber, cubo, tetraedro, octaedro, dodecaedro e icosaedro, con los radios de las esferas de los planetas; y posteriormente en su *Harmonices Mundi* donde atribuyó al movimiento de estos últimos un comportamiento musical concertado, en el cual cada planeta, como en la polifonía, sigue su propia partitura. El movimiento de las esferas celestes es pues un "concierto perenne" cuyos sonidos solamente son audibles por la razón geométrica. La música polifónica es sólo un reflejo de la música de las esferas en las cuales Dios es el artista.

El credo científico de fray Diego lo llevó a aceptar esta tesis *geométrico-astronómico-musical* como la única valedera. La naturaleza toda, macrocosmos y microcosmos, era una obra de arte que se podía interpretar matemáticamente. Al comentar las epístolas de Kepler,[12] este mercedario mexicano adoptó el credo heliocentrista y hermético de su mentor que sin duda ya rayaba en la heterodoxia religiosa.[13] Es por ello, quizás, que se sintió obligado a ocultar parte de sus manuscritos, los astronómicos, en los cuales disertaba

[12] Sus notas y comentarios a las epístolas de Kepler se hallan en su obra astronómica titulada *Doctrina general repartida por capítulos de los eclipses de sol y luna* (MS).

[13] Como varios de sus contemporáneos fray Diego Rodríguez era un adicto secreto a las tesis copernicanas. En sus manuscritos astronómicos (que ocultó prudentemente) manifiesta su adhesión a ese credo astronómico.

sobre estos asuntos. Sin embargo al dar término a su obra matemática no resistió a la tentación de insertar un proemio en el cual, como ya dijimos, expuso su teoría del mundo que, aun determinada geométricamente por el discurso de la razón lógica, según acabamos de ver, concluye sorpresivamente con estas palabras: "El volumen del mundo, es decir el universo todo con sus orbes y esferas musicales, sólo puede ser concebido y conocido como imagen nuestra."

Acaso en ese último momento el geómetra abdicó ante el poeta.

IV. EL HERMETISMO Y SOR JUANA INÉS DE LA CRUZ *

Dentro de la poesía lírica de Sor Juana existe un largo poema culterano, una silva de 975 versos libres rimados, de once y siete sílabas, que proverbialmente ha captado la atención de críticos de la literatura, eruditos, filósofos e historiadores quienes le han dedicado largos y sesudos comentarios. Se trata de la obra titulada *Primero Sueño* (y a menudo sólo *El Sueño* ya que no hubo ningún otro) y apareció por primera vez en el tomo segundo de sus obras. Según propia confesión de Sor Juana, y no sin cierta exageración, era lo único que había escrito por su gusto.[1] La primera síntesis de su contenido la dio la propia Sor Juana en brevísimas líneas: "Siendo de noche, me dormí, soñé que de una vez quería comprender todas las cosas de que el Universo se compone. No pude, ni aun divisar por sus categorías; ni aun sólo un individuo; de-

* Sor Juana Inés de la Cruz, *Florilegio, poesía, teatro, prosa,* Promexa, México, 1979.

[1] En su *Respuesta* a Sor Filotea de la Cruz, dice Sor Juana: "...yo nunca he escrito cosa alguna por mi voluntad, sino por ruegos y preceptos ajenos; de tal manera, que no me acuerdo haber escrito por mi gusto si no es un papelillo que llaman *El Sueño*". (Sor Juana Inés de la Cruz, *Florilegio, poesía, teatro, prosa,* Selección y prólogo de Elías Trabulse, Promexa, México, 1979, p. 760).

sengañada, amaneció y desperté".[2] Varios autores han intentado delimitar las divisiones (no explícitas pero sí implícitas) del poema, en las que se han encontrado doce, seis, cinco o tres partes según el autor de que se trate.[3] Plausible nos parece la división en tres secciones donde cada una podría portar los siguientes títulos: 1ª El sueño del "cosmos", 2ª El hombre, el ensueño y el cosmos (que tendría las siguientes subdivisiones: *a*) Descripción fisiológica y psicológica del sueño y del ensueño, *b*) Relato del ensueño); 3ª El despertar del hombre y el despertar del cosmos. Esta es la división que sigue Robert Ricard,[4] distinguido estudioso de Sor Juana. Dicho autor, junto con algunos

[2] P. Diego Calleja, S. J. *Vida de Sor Juana*, anotaciones de E. Abreu Gómez, Antigua Librería Robredo, México, 1936, p. 35. (Esta obra es la célebre biografía que bajo la forma de aprobación al tercero y último tomo de sus obras, titulado *Fama y obras póstumas del Fénix de México, Décima musa, poetisa americana*, (Madrid, 1700) escribió el jesuita Calleja).

[3] Georgina Sabat de Rivers, *El "Sueño" de Sor Juana Inés de la Cruz. Tradiciones literarias y originalidad*, Tamesis Books Limited, London, 1976, p. 129 y nota 3. Alfonso Méndez Plancarte divide el poema en doce secciones, Ludwig Pfandl en cinco, Ezequiel Chávez en seis y Emilio Carrilla en tres. Sobre la división adoptada por Sabat de Rivers, véase pp. 130-131. Esta autora ha realizado, a nuestro parecer, el estudio más completo y original sobre *El Sueño* de Sor Juana.

[4] Robert Ricard, *Une Poetesse Mexicaine du xvii siècle. Sor Juana Inés de la Cruz, Deuxième leçon* (París, 1954) pp. 14-24. Hemos empleado la transcripción mecanográfica de las tres lecciones que acerca de Sor Juana impartió este célebre hispanista francés en la Sorbona en 1954. Una traducción española de esta segunda lección apareció con el título: "Reflexiones sobre "El Sueño" de Sor Juana Inés de la Cruz". (*Revista de la Universidad de México*, xxx, 4 (dic. 1975-ene. 1975), pp. 25-32.)

otros entre los que se encuentra Karl Vossler,[5] han intentado hacer una síntesis en prosa del largo poema Aquí nos permitiremos reproducir la de este último que es, con breve retoque, la que Ricard hace. Esto nos permitirá comprender la índole peculiar de tan interesante obra de Sor Juana. Su contenido es el siguiente:

La sombra piramidal de la tierra lanza la punta de la noche hacia las estrellas, aunque sin conseguir llegar a la esfera de la luna. Dentro del reino de sus tinieblas impera la quietud y el silencio. En él sólo se escuchaba las voces de las aves nocturnas. El tardo vuelo y canto de la tímida Nyctimene, la lechuza, acecha desde los quicios de los portales del templo los huecos de las ventanas para llegar hasta el aceite de las lámparas de eterna llama con ansia de consumirlo y profanarlo. Los murciélagos en bandada con el agorero buho, ministro de Plutón, entonan un monótono y pavoroso coro, y Harpócrates, dios del silencio, sellando los labios con el dedo, intima a todos a sellar los suyos. Se aplaca el viento; el can duerme: ni un átomo de polvo se mueve. El mar, cuna del sol, en donde éste duerme, y en la que los dormidos siempre mudos peces, doblemente mudos ahora, descansan, no se mece ya. Tanto en las ocultas cavernas como en las profundas gargantas de los montes se someten los brutos, perdida unos su fiereza y su timidez otros, a la ley universal del sueño. Afectando una veía que no cumple, aunque tenga abierto los ojos, rey de los animales, Acteón, el cazador, convertido en temeroso ciervo, descansa también, aunque al más leve rumor se muevan vigilantes sus orejas. En la espesura, quieta está la hamaca en

<hr>

5 Carlos Vossler, *Escritores y poetas de España*, Espasa Calpe, Buenos Aires-México, 1974, pp. 116-120.

que reposa un nido, y en ella duermen los pájaros, que dejaron también con su sueño, descansar al viento. El águila de Júpiter, desconfiando de esa calma, se apoya sólo en una de sus patas para no dormirse, sosteniendo, en la garra levantada de la otra, una piedra en la que está calculando el tiempo de su descanso.

Todo duerme, y el silencio reina; incluso el ladrón dormía y el amante no se desvelaba. Va acercándose la medianoche, y la naturaleza toda se rehace de las diurnas tareas, de los afanes y deleites; se reponen los fatigados miembros, y los sentidos quedan como en suspenso. Morfeo iguala, lo mismo que en la muerte, a todos los mortales, desde el papa y el monarca hasta aquel que mora en humilde choza. El alma, libre ahora de su función directora, se concentra, y envía solamente calor vegetativo a los lánguidos miembros: el cuerpo, un cadáver con alma, al parecer muerto, da leves muestras de vida en el latir del pulso. El corazón y el pulmón mantienen el calor de la vida; los sentidos están callados y como a la defensiva; la lengua, muda; y la oficina del estómago, despensa de los demás miembros, templada hoguera del calor humano, envía al cerebro claros vapores, de manera que las imágenes en la imaginación y la memoria se purifican y la imaginación se libera y refleja las cosas lo mismo que el espejo en la torre de Eatos, en cuya luna se veían, a gran distancia, todas las naves del ancho mar, su número, su tamaño y su rumbo azaroso en el piélago. Así, la fantasía sosegada va copiando con pincel invisible las imágenes de todas las cosas, los colores y figuras de todas las criaturas sublunares e incluso de las intelectuales en las estrellas, presentándoselas, en el modo posible que puede representrase lo oculto, al alma, que las considera reducidas a su ser inmaterial y bella esencia: como una centella, que se goza en el propio parecido y que se separa de la cadena corporal que embaraza e impide el vuelo del intelecto, contempla el curso regular con que giran desigualmente las bóvedas celestes. Es como si estuvieran en la altísima cumbre de un monte, más alto que el Atlas y más alto que el Olimpo, donde se deshacen las nubes y el águila no alcanza, y más alto también que las pirámides de Egipto, cuyas cúspides se alzan a una esfera de luces invisibles para desplomarse luego. Estas pirámides, de las que dijo el eximio Homero que son representaciones terrenas de las intenciones del alma, ya que lo mismo que sus remates suben al cielo como artificiosa llama ardiente, la mente humana aspira siempre a la causa primera. Esas construcciones fabulosas y la Torre de Babel, de la que procede la actual confusión de lenguas, serían, en comparación con la pirámide del espíritu, en la que, sin saber cómo, se ve colocada el alma sólo bajo escalones, pues superándose a sí misma se encumbra ésta ufanamente a nuevas regiones, y la mirada perspicaz y libre que extiende sobre la creación toda, cuya inmensidad se ofrece a los ojos, pero no a la comprensión, retrocede asustada ante la grandeza y potencia de las cosas; y, sin embargo, volviendo sobre su acuerdo, se atreve a mirar al sol, anegándose en sus propias lágrimas. Pero el entendimiento, vencido por la inmensa cantidad de las imágenes y de sus múltiples especies, se siente pobre en la abundancia, se mueve sin saber elegir un rumbo fijo, y nada ve por mirarlo todo. Sin capacidad de discernir, no puede ya distinguir nada en las partes del dilatado Universo, ni siquiera los miembros de su propio cuerpo. Pero de idéntica suerte como el que, asaltado súbitamente por un exceso de luz, se protege recurriendo a las tinieblas, y va acostumbrándose poco a poco a la nueva claridad, tapando una y otra vez con la mano los ojos deslumbrados, el alma concentra su atención, dispersa entre tanta asombrosa diversidad y su propia impotencia, para aprehender y retener hasta lo más mínimo de la pululante realidad. Plega sus velas, escarmentada del naufragio, y busca ahora separadamente discurrir las cosas una por una, reduciéndolas a dos veces cinco categorías, y ante el fracaso de la intuición en conocer lo creado, va haciendo escala de un concepto a otro, ascendiendo de grado en grado, para llegar a comprenderlo todo. Su entendimiento procede metódicamente desde el ser inanimado hasta subir al reino vegetal, y de ahí a los seres sensibles y a las criaturas más perfectas de la tierra, con la frente de oro y los pies de barro, que si bien se levanta altivamente hasta el cielo, el polvo de la tierra sella su boca. Por estos grados o escalones discurrió muchas veces el entendimiento; pero otras veces renunciaba a ello por juzgarlo excesivo atrevimiento para quien no entendía el más simple de los efectos naturales, ni la manera de manar y correr una cantarina fuente, ni las cavernas del abismo, ni los hermosos campos de Ceres, ni el coloreado cáliz, ni el aroma de las flores, ejemplo de afeites y seducciones femeninas.

El pensamiento no podía menos de decirse tímidamente que si un solo objeto podía escapar al conocimiento, había de resultar imposible discurrir sobre la inmensa máquina, a cuyo peso tendrían que inclinarse las fuerzas de Atlante y de Hércules, si es que no estribara en su propio centro. Y, sin embargo, le excita y espolea, en lugar de asustarle, la osadía de Faetón, con el peligroso contagio a que exponen los casos de temeridad.

Mientras la elección va a la deriva, por distintos rumbos, entre imposibles, nada queda ya en el cuerpo en que el calor alimentarse pueda. Cede al sueño, y los miembros, extenuados y cansados del reposo, ni del todo despiertos ni dormidos, se desperezan en su entumecimiento; los ojos se entreabren con pestañeo incierto. Los fantasmas del sueño se esfuman y huyen del cerebro como figuras de una linterna mágica que desfilan, desvaneciéndose por la blanca pared, amparadas tanto por la luz como por la sombra.

Ya se acerca el sol, puntual portador de la luz del día, y se despedía de su antípoda opuesto con los rayos del poniente. Su ocaso allí, trae aquí el luminoso oriente de la mañana. El lucero de Venus le precede rompiendo los albores primeros, y la bella esposa del viejo Tithon, amazona rutilante, armada contra la noche, muestra una llorosa, aunque hermosa frente coronada de luces matutinas, como preludio suave y animoso del fogoso planeta del día. En torno a él se agrupan estrellas bisoñas, y en la retaguardia se juntaban los astros veteranos, preparándose para el ataque contra la tirana usurpadora del imperio del día. Pero apenas la aurora había desplegado al viento sus banderas, haciendo sonar alarma a los suaves y tonantes clarines de las aves, la cobarde tirana se dio a la fuga, llena de miedoso recelo, y envuelta en la negra capa que la protegía contra los abrasadores rayos, tocando la ronca bocina para ordenar la retirada de sus oscuros escuadrones; y estando en ello la alcanzaron los reflejos que iluminan la punta más encumbrada de los más erguidos torreones del mundo. El sol llega, y se cierra su giro de oro en el cielo; sobre el azul se entrecruzan mil líneas de luz. Se atropellan las sombras de la noche que, sin concierto, perseguidas, escapan hasta su ocaso como desbaratado ejército, para cobrar aliento y recuperar de nuevo el perdido señorío, en tanto que el otro hemisferio se aclara e ilumina, devolviendo a las cosas visibles sus colores y restituyendo su función a los sentidos, con lo que queda el mundo con luz y yo despierta.

Desde hace varios años algunos autores han sucumbido a la tentación de inquirir acerca de la significación de esta larga silva. Incluso ha sido objeto de escrutinios psicoanalíticos profundos que intentaron develar el inconsciente de la poetisa, según ellos, ahí manifestado.[6] En fin, se le han señalado raíces cartesianas [7] en esa tentativa del conocimiento de ir de lo más simple a lo más complejo y se ha concluido, no sin largos y profundos análisis, que se trata de un poema agnóstico donde la monja reconoce la imposibilidad de conocer racionalmente los efectos y las causas todas que explican la realidad física del cosmos.[8] Sin embargo todas estas interpretacionse resultan alejadas de la verdadera significación del *Sueño*. Sin duda que se trata de un poema al conocimiento humano maravillado ante los misterios del hombre y de su cosmos; de su insaciable deseo de develar los enigmas que encierra y de descubrir sus misterios.

Las interpretaciones que han querido ver en esta obra una expresión del conocimiento filosófico se han acercado bastante a su significación ya que, en realidad, sí se trata de un conocimiento, pero no filosófico sino científico del mundo, aunque debemos aclarar que aquí la palabra científico no tiene las connotaciones que actualmente le damos. Se trata del conocimiento científico tal como lo concebían los filósofos herméticos de los siglos XVI y XVII, adscritos a lo que actualmente se conoce como la "tradición

[6] Ludwig Pfandl, *Sor Juana Inés de la Cruz. La Décima Musa de México. Su vida, su poesía, su psique*, UNAM, México, 1963, pp. 191-230.

[7] Francisco López Cámara, "El cartesianismo en Sor Júana y Sigüenza y Góngora", *Filosofía y Letras*, XX, 39, jul-sep., 1951, pp. 107-131.

[8] José Gaos, "El sueño de un sueño", *Historia Mexicana*, El Colegio de México, México, X: 1, 1960, pp. 54-71.

82

mágica".[9] Para Sor Juana, como para estos hombres de ciencia, el papel del "científico" era el de sintonizar con el mensaje del universo, o sea del cosmos, cuajado de maravillas por obra de ese gran mago que era Dios, verdadero arquitecto del mundo. El gran reto al hombre de ciencia era el de captar las armonías celestes, la gran sinfonía de los astros, la música mágica del universo. A partir de la difusión, a fines del siglo xv, de los antiquísimos escritos atribuidos a Hermes Trismegisto, que se hacían remontar a los tiempos de Moisés, conocidos como *Corpus Hermeticum*, la interpretación científico-mágica del cosmos ejerció un enorme atractivo sobre las mentes occidentales.[10] A ella se adscribieron en mayor o menor grado científicos de la talla de Copérnico, Kepler, Gilbert, Paracelso, Van Helmont y en cierta medida también Newton.[11] Tuvo sus gran-

[9] Hugh Kearney, *Orígenes de la ciencia moderna*, Guadarrama, Madrid, 1970, pp. 37-40, 97-140; John Losee, *A Historical Introduction to the Philosophy of Science*, Oxford University Press, Londres, 1972, pp. 52-53; Eugenio Garin, *La cultura del Rinascimiento. Profilo Storico*, Editorial Laterza, Bari, 1967, pp. 142-157.

[10] En el estudio de los alcances de esta tradición científica sobre la ciencia de los siglos xvi y xvii son fundamentales los estudios de Eugenio Garin, Paul Oskar Kristeller y más recientemente de Frances A. Yates. Es indudable la importancia de la llamada "tradición mágica o hermética" en el desarrollo de las ciencias modernas sobre todo la astronomía, la física y la química. Dicha corriente aparece ya en los textos de "magia natural" de Marsilio Ficino, en los de "magia cabalística" de Pico de la Mirandola, en la "oculta filosofía" de Agripa, de Nieremberg o de Pérez de Moya, en los escritos iatroquímicos de Paracelso, en la astrología de Robert Fludd o en la cosmología de Giordano Bruno y de Tomás Campanella.

[11] Frances A. Yates, *Giordano Bruno and the Hermetic Tradition*, Routledge and Kegan Paul, Chicago, 1977, pp. 151-156,

des apóstoles y mártires como Giordano Bruno, heliocentrista por hermético y no, como se ha pensado, por ser un avanzado de la ciencia; y sabios enciclopedistas como Robert Fludd [12] o el jesuita Athanasius Kircher, uno de los más grandes científicos herméticos del siglo XVII.[13] Los escritos atribuidos a Hermes (que a principios del siglo XVII el crítico Isaac Casaubon fechó como pertenecientes a tiempos post-cristianos, acabando así con uno de los textos más venerados de la ciencia renacentista)[14] eran el receptáculo de las revelaciones divinas acerca de la naturaleza del mundo físico del mismo modo que los escritos de Moisés lo eran del mundo moral. Esos escritos ejercieron, por esta

440-444. Sobre la influencia del hermetismo en Newton resulta muy sugestivo: J. E. Mc Guire y P. M. Rattansi, "Newton and the Pipes of Pan", *Notes and Records of the Royal Society of London*, XXI (1966), pp. 108-143. Algunos autores han señalado asimismo los peligros de atribuirle a la tradición hermética mayor influencia de la que en realidad tuvo. Véase: Robert S. Westman y J. E. Mc Guire, *Hermeticism and the Scientific Revolution*, University of California, Los Ángeles, 1977.

[12] Frances A. Yates, *The Rosicrucian Enlightenment*, Routledge and Kegan Paul, London and Boston, 1972, pp. 70-90, 101-113.

[13] Sobre Athanasius Kircher se ha escrito relativamente poco. Su biografía aparece en: *Selbstbiographie des P. Athanasius Kircher aus der Gesellschaft Jesu. Aus dem lateinischen ubersetz durch Dr. Nikolaus Seng*, Fulda, Druk und Verlager Fuldaer Actienductereri, 1901; y en Karl Brischaar, *P. Athanasius Kircher. Ein lebensbild*, Wurzburg, 1877. Recientemente ha aparecido un vasto estudio sobre este enigmático autor y sus ideas científicas e históricas. Se trata de la obra de Dino Pastine, *La nascita dell' idolatria. L'Oriente religioso di Athanasius Kircher*, La Nueva Italia Editrice, Firenze, 1978.

[14] Yates, *Giordano Bruno*, pp. 398-403.

causa, un poderoso influjo en el desarrollo de la ciencia y del método científico en los siglos XVI y XVII.

De sus páginas se desprendía la idea de que el cosmos estaba lleno de poderes mágicos cuyos secretos se manifestaban a muy pocas personas; sólo a aquellas que estuvieran dispuestas a mirar más allá de las apariencias fenoménicas. El estudioso de la naturaleza era un asceta solitario, que indagaba lo oculto, que buscaba concordancias y armonías celestes, y que empleaba las palabras "misterio" y "secreto" para explicar las maravillas de un cosmos en movimiento. Nada entonces tan lejano de un mundo como el nuestro explicado científicamente por interrelaciones mecánicas. El cosmos hermético también era explicado matemática y científicamente· pero sus interrelaciones eran mágicas. Esto explica asimismo la estructura del *Sueño* y el hilo conductor que su autora siguió con una lógica indestructible. Además, empleó el recurso de un sueño siguiendo el mismo método que vemos aparecer en el *Corpus Hermeticum* donde Pimandro, personificación de la mente cognoscente, aparece ante Hermes sólo cuando todos sus sentidos yacen atados e inertes por efectos de un sueño profundo y es entonces ya posible que emprenda el vuelo cósmico del conocimiento. Es el alma que se desprende —como en Sor Juana— de sus lazos corpóreos y emprende un viaje que le revele los enigmas cósmicos. Es cuando el espíritu comprende "científicamente" la realidad del mundo y sus maravillas cuya vastedad toda sólo es permitido a Dios conocer y ante la cual la razón humana se detiene impotente después de recorrer desde el microcosmos hasta el macrocosmos. Es entonces que Sor Juana "desengañada", despierta, ya que el largo camino ha terminado y el sueño también, pues ha amanecido. Ahora bien, nuestra poetisa ha ido más allá que su modelo al intentar describir un cosmos con mayor acopio de datos empíricos que los que tuvo a su alcance el compilador del *Corpus Hermeticum* en el siglo II después de Cristo. Sus conocimientos científicos son mayores y su catálogo de maravillas —desde la pirámide tenebrosa de la sombra terrestre hasta el movimiento astrológico de los planetas y el Sol— excede con mucho al de otros sueños herméticos debidos a autores de épocas pasadas.[15] Esto se explica fácilmente si acudimos a sus fuentes. Me refiero básicamente a las obras de Kircher, autor tan socorrido y citado por nuestros científicos, poetas y eruditos de esos años y de casi todo el siglo XVIII.[16] De sus obras se desprenden muchas de las

[15] En el estudio señalado en la nota 4 Ricard estableció este nexo entre Sor Juana y la tradición hermética en su modalidad kircheriana. Al efecto dice: "Notamos ante todo que nuestra monja dejó de lado las especulaciones escatológicas y los lugares comunes morales, los *Topoi* que formaban parte del género de la antigüedad. Asimismo eludió otro elemento que aparece casi siempre en la literatura greco-latina: el guía, el iniciador que dirige al soñador y le descubre los misterios del mundo y de la vida: Escipión el Africano en el *Sueño de Escipión*, el dios Nous en el *Pimandro* del *Corpus Hermeticum*. En Sor Juana el espíritu se mantiene solo, abandonado a sus propias fuerzas —símbolo de su propia formación solitaria— y se le agregan toda suerte de elementos que provienen ya sea de las lecturas, o ya de la experiencia personal. Si he insistido en esta literatura del sueño filosófico es que *El Sueño* jamás, que yo sepa, ha sido estudiado en esta tradición. Pero sería imprudente el exagerar el alcance de la comparación y el desconocer la originalidad fundamental del poema" (*op. cit.*, p. 26).

[16] Es evidente que las obras de este polígrafo tuvieron una amplia difusión en México. Lo vemos registrando a menudo en los inventarios de bibliotecas realizados por la Inquisición

alusiones de carácter científico de la obra de Sor Juana y es el acervo de donde salieron los datos que forman el meollo descriptivo-científico del *Sueño*.[17]

(*Documentos para la historia de la cultura en México*, Imprenta Universitaria, México, 1947, p. 74), o bien en las listas de libros confiscados a bibliófilos sospechosos de herejías. El sabio padre Diego Rodríguez acude a él al explicar asuntos de magnetismo (Fray Diego Rodríguez, *De los logaritmos y aritmética* (MS) Biblioteca Nacional de México. [Signatura: MS. 1520]). El jesuita Kino lo emplea como autoridad contra Sigüenza y éste contra el padre Kino en su célebre "justa de los cometas" (Elías Trabulse, *Ciencia y religión en el siglo xvii*, El Colegio de México, México, 1974, pp. 21, 29, 56, 82; Mario Góngora, *Studies in the Colonial History of Spanish America*, Cambridge University Press, Cambridge, 1975, p. 181). Asimismo, los demás científicos adversarios de Sigüenza como Joseph de Escobar Salmerón o Gaspar Juan Evelino acuden a Kircher para apoyar sus hipótesis cométicas, Trabulse, *op. cit.*, pp. 56 *ss.*) e impugnar así el racionalismo desmitificador de Sigüenza. El geómetra y jurista José Sáenz de Escobar, a fines del siglo xvii, describe los inventos de Kircher útiles a la agrimensura o a la minería (Joseph Saénz de Escobar, *Geometría Práctica y Mecánica.* (MS) Biblioteca Nacional de México [Signatura: MS. 1528]). Ya en el siglo xviii, el erudito Eguiara y Eguren discutió, al igual que Clavijero, Alzate o León y Gama, sus interpretaciones del *Códice Mendocino* incluidos en su obra *Oedipus Aegyptiacus* (Roma, 1652-1654, 4v.) El visionario Borunda recurrió a él frecuentemente al escribir, a fines del siglo xviii, su *Clave general de los jeroglíficos Americanos* y Fray Servando Teresa de Mier acudió a su autoridad en una de sus cartas al cronista Juan Bautista Muñoz (J. E. Hernández y Dávalos, *Colección de documentos para la historia de la guerra de independencia de México*, José María Sandoval, México, 1879, III, p. 217). El padre Díaz de Gamarra lo citó a menudo al explicar asuntos de física. Y todavía en el siglo xix el historiador Manuel Larrainzar lo mencionó en ocasión de describir los jeroglíficos de Palenque.

[17] Sabat de Rivers, *op. cit.*, p. 143. En la nota 5, esta autora pone de relieve que fue Carlos Vossler "quien descubrió la rela-

La obra científico-hermética de este jesuita es muy

ción entre Kircher y Sor Juana". Al efecto nos da una larga cita de la edición del *Primer Sueño* debida a Vossler (Buenos Aires, 1953) y que transcribimos a continuación (pp. 13-14 de dicha edición): "En especial el ansia de ilustración y el cultivo de las ciencias —tal como predominaba en la Compañía de Jesús— deben haber tenido un efecto arrebatador en el vivaz espíritu de Sor Juana. Fue principalmente un sabio alemán, el padre Athanasius Kircher (1602-1680), quien polarizó la atención de todo el mundo ilustrado con los estudios físicos, cosmográficos, astronómicos, jeroglíficos y orientales, que publicaba en lujosos volúmenes, y quien regocijó a grandes y chicos con sus ingeniosos inventos y entretenimientos científicos (relojes de sol, arpas eólicas, linternas mágicas, reflectores, amplificadores de sonido y otras cosas semejantes). Se dice que durante un solo año llegaron a Roma dirigidas a él, como el oráculo científico del mundo, de todos los continentes, diez diferentes soluciones al problema de la construcción del *perpetuum mobile*. En la celda del convento de Sor Juana estaban colocadas, junto a las obras de Galeno, las *Kirqueri Opera*, si damos fe al pintor Miguel Cabrera y a su retrato de la poetisa, pero no todas por cierto, para esto el espacio no habría alcanzado. Mas, ya no puedo dudar de que ella conocía por lo menos aproximadamente algunas de sus obras físicas, como por ejemplo el *Ars magna lucis et umbrae* y además la *Musurgia*; algunos de sus escritos egiptológicos y probablemente, el *Iter extaticum coeleste*, aquel soñado viaje astronómico del P. Kircher, aunque no las hubiera leído detenidamente. Todavía más que sus ideas sobre armonía, cinestesia, colores, luz, perspecitva, pirámides y jeroglíficos, toda la mentalidad del P. Kircher podría haber actuado de una manera incitante y seductora sobre nuestra poetisa. La agradable conciliación entre exactitud y entusiasmo, subordinación y crítica, tal como él solía realizarla —por cierto en detrimento de su posterior reputación científica—, debía ser algo sumamente reconfortante para el espíritu poéticamente conmovido de Sor Juana, ya que se producía en una mente tan elevada".

"El entusiasmo excitante del P. Kircher se comunica a través de toda su ambiciosa obra. Para él, el descubrimiento del Nue-

amplia.[18] Forma quizá una de las más impresionantes tentativas —y acaso también de las últimas— de hacer una síntesis del conocimiento humano acerca del mundo físico y de sus maravillas. En los cuarenta y tres volúmenes de sus obras existe muchísima fantasía entremezclada con experiencias científicas y datos a menudo preciosos. Abarca campos tan disímiles como la óptica y la egiptología (interpretó equivocadamente el lenguaje de los jeroglíficos), así como acústica, geología, magnetismo, mecánica, tecnología, sinología, combinatoria y cábala, medicina, astrología, astronomía, biología, botánica, alquimia, y zoología.[19] Como muchos otros jesuitas, Kircher fue un hermético convencido pese a que las fuentes en las que se apoyaba su ciencia, los escritos herméticos, ya habían sido datados después de la implacable crítica a que los sometió Casaubon. A pesar de ello continuó en su labor.[20] Su influencia en el mundo científico hispánico de la época fue muy grande y aunque no es el único autor hermético al que Sor Juana recurrió (pensamos también en los jesuitas Causino, Nieremberg, Schott, o bien en Pie-

vo Mundo y la invención del telescopio fueron dos emocionantes acciones de Dios que hacían urgente una nueva revisión del sistema del universo" (*Iter exstaticum coeleste*, prólogo, p. 12); "Non stetit hic divinae benignitatis lusus, dum non ita longo annorum intervallo post novi Orbis detectionem, novum nobis Coelestium spetaculorum theatrum expandit, inaudita omnibus retro seculis coelestis tubi beneficio revelavit." Por esto publica su *Iter exstaticum coeleste*, junto con su *Iter exstaticum terrestre* y su *Synopsis mundi subterranei*, en 1671".

[18] Pastine, *op. cit.*, pp. 34-68.

[19] Lynn Thorndike, A *History of Magic and Experimental Science*, Columbia University Press, New York, and London, 1958, VII, 269-270, 505; 567-590; VIII, 365.

[20] Yates, *Giordano Bruno*, pp. 416-423.

ro Valeriano) al elaborar esas páginas en las que se barruntan rasgos herméticos (astrología, alquimia), no podemos menos de pensar en él, ya que inclusive fue el único autor científico al que ha hecho alusión en la *Respuesta a Sor Filotea*. Ahí ha mencionado un pasaje de su *Magnete*.[21] En cambio, cuando nuestra monja habla de sus poemas de la "combinatoria de Kirkerio" o de "kirkerizar" se refiere a su *Arithmología* o a su *Ars Magna Sciendi*; los paisajes egipcios y las pirámides le vienen del *Oedipus Aegyptiacus* o del *Obeliscus Panphilius*; al aludir a la linterna mágica es porque conoce el *Ars Magna Lucis et Umbrae* y, en fin, al relatar cómo compuso su *Caracol* o cómo recorrió los espacios celestes en un sueño cósmico tenía en las manos la *Musurgia Universalis*,[22] cuyo libro X [23] le inspiró las etapas que el espíritu ha de recorrer a efecto de conocer la

[21] Kircher sostuvo una copiosa correspondencia con el canónigo poblano Alejandro Fabián y (caso insólito en la ciencia de la época dedicar un libro a un americano) le dedicó uno de sus libros más populares, el *Magneticum Naturae Regnum*. Fabián que era cercano al obispo Fernández de Santa Cruz (el mismo con el seudónimo de Sor Filotea de la Cruz le dirigió a Sor Juana la famosa *Carta* que daría origen a la célebre *Respuesta* de la monja) era —según se ve por su correspondencia con Kircher— experto en asuntos de física y magnetismo y le hizo al jesuita alemán valiosas sugerencias que éste incorporó en dicha obra. Éste fue sin duda uno de los más importantes vínculos que enlazaron a Kircher con Sor Juana.

[22] En 1967 Francisco de la Maza en su obra *Sor Juana Inés de la Cruz en su tiempo*, (Secretaría de Educación Pública, México, 64 pp., ils.) había ya señalado la influencia de Kircher y de su *Musurgia* en las ideas musicales de la monja jerónima.

[23] Athanasius Kircher, *Musurgia Universalis sive ars Magna Consoni et Dissoni*, Typis Ludovici Grignani, Roma, 1650, II, pp. 364-462.

armonía, mejor dicho sinfonía, de todos los seres creados.[24] Ahí está la pirámide de las tinieblas (la funesta) y la de la luz.[25] Ahí las esferas y los seres creados, y el hombre y sus relaciones astrológicas y cósmicas; el contacto maravilloso —e incognoscible— entre el macrocosmos y el microcosmos.[26] Kircher relegó al último libro de su *Musurgia* (tratado de acústica y de música), la explicación armónica del cosmos; tal como Kepler lo había hecho con los planetas.[27] Esto es lo que debió atraer la mirada de Sor Juana, quien puso en versos rimados lo que Kircher había tratado "científicamente"[28] al describir cómo lo que preside las relaciones entre todos los seres creados, las maravillas a que antes aludimos, es la armonía musical. Este es el meollo del *Sueño*, obra de grandes vuelos y preñada de un inmenso optimismo vital.

[24] *Ibid.*, pp. 373-376.
[25] *Ibid.*, p. 450.
[26] *Ibid.*, pp. 401-413. *Symphonismus microcosmi cum Megacosmo, sive de Musica Humana.*
[27] La teoría de las armonías astronómicas está tomada por Kircher de Kepler casi sin alteración (pp. 376-381).
[28] *Ibid.*, pp. 391-401.

V. ASTRONOMÍA E ILUSTRACIÓN EN MÉXICO *

HACIA la segunda mitad del siglo XVIII surgen en la sociedad colonial mexicana las primeras manifestaciones bien definidas del pensamiento ilustrado. Las diversas corrientes que definen a la Ilustración europea (no como sistema filosófico sino como una actitud específica ante los problemas políticos, religiosos, científicos, económicos y sociales) sufrieron ciertas variaciones al aclimatarse en suelo americano. Concretamente, en el área de las ciencias de la naturaleza, los esquemas europeos eran a menudo desbordados y resultaban estrechos para interpretar una serie de fenómenos que escapaban a la observación de los científicos del Viejo Mundo. En los terrenos de la botánica, de la farmacopea, de la zoología, de la mineralogía y de la geografía, los americanos del XVIII intentaron aportar a los esquemas europeos lo que su realidad física les proporcionaba. En estos campos de la ciencia procuraron y lograron hacer positivas innovaciones. En otros renglones de la ciencia ilustrada su aportación fue más restringida pero no por ello menos valiosa; así, los estudios de astronomía, matemáticas y física nos permiten aquilatar y valorar el grado de modernidad que habían alcanzado las colonias españolas en este lado del Atlántico aunque, como ya dijimos, su contribu-

* *Diálogos,* vol. XIII, 2, (74), marzo-abr. 1977, pp. 9-14.

92

ción no haya alcanzado la importancia que tuvo en aquellas otras ramas del saber científico que mencionábamos antes.

Ahora bien, fue en el campo de las ciencias astronómicas donde la modernidad libró una de las más interesantes batallas contra la tradición ortodoxa tanto científica como religiosa, ya que los principios de la mecánica celeste newtoniana involucraba una nueva y radicalmente diferente visión del mundo. La síntesis newtoniana traía consigo la aceptación explícita de las teorías heliocentristas de Copérnico, de las leyes planetarias de Kepler y de los principios de la dinámica propuestos por Galileo y por Borelli, de tal forma que la aceptación de las tesis del notable sabio inglés equivalía a poner en entredicho la concepción geocentrista de Tolomeo y las teorías físicas de Aristóteles al mismo tiempo que se impugnaba la tradición cristiana ortodoxa que se apoyaba en gran medida en ambos autores para su propia cosmovisión religiosa. Las etapas de la lucha que hubieron de librar las nuevas corrientes científicas contra los viejos paradigmas científicos medievales permite, pues, evaluar el grado de modernidad que alcanzaron las colonias españolas de América.

En el caso concreto de México podemos distinguir cuatro etapas en la difusión y aceptación de la astronomía moderna que sintetizaremos como sigue: *1)* Renovación en los planes de estudio en los centros docentes administrados por órdenes religiosas. *2)* Difusión paulatina de las nuevas teorías a través de las obras de los científicos europeos y de tratados redactados por autores mexicanos. *3)* Aceptación abierta de las nuevas teorías por un selecto grupo de científicos que las aplican en sus observaciones. 4) Admisión oficial, por parte de los principales centros educativos, de las nuevas teorías. Esta última etapa coincide con las reformas ilustradas de la Corona española llevadas a cabo en los dos últimos decenios del siglo xviii. Es necesario por último mencionar que estas cuatro etapas son únicamente cortes metodológicos ya que es obvio que se superponen entre sí entrelazándose unas con otras.

Primera etapa (1750-1768)

Las primeras noticias acerca de las teorías newtonianas penetraron en México principalmente a través de las órdenes religiosas de franciscanos, agustinos, jesuitas, mercedarios y filipenses. En la primera mitad del siglo xviii son raras y escasas las alusiones a los principios de la astronomía moderna, aunque no por ello podemos afirmar que se desconocían totalmente, ya que uno de los principales vehículos de difusión de esas teorías en España y sus colonias, las obras del benedictino Benito Jerónimo Feyjoo, eran ampliamente leídas y comentadas. Tanto en su enjudioso *Teatro crítico universal* como en sus amenas *Cartas eruditas* se lamentaba lo poco que se estudiaban las ciencias en España y en particular las teorías de Copérnico y Newton, quejándose además de que los estudios hubiesen caído en el marasmo de las inútiles discusiones metafísicas. En algunas páginas Feyjoo exponía sin aparato matemático la física y la astronomía newtonianas e insistía sobre el valor del sistema de la gravitación universal como una posible y muy valedera explicación de los fenómenos celestes. Asimismo se preocupaba en

94

exponer en forma más o menos imparcial el sistema de Copérnico haciendo hincapié en que los textos de la Biblia, que se oponían a dicho sistema podrían ser interpretados en forma tal que quedaba desvirtuada la oposición que se había querido ver en ellos. Con la exclusión en 1757 del *Revolutionibus* de Copérnico del *Índice de Libros Prohibidos* se dio la aprobación indirecta a las sugestiones de Feyjoo. En el año de 1760 apareció en español otra obra que habría de propiciar también el estudio de las nuevas teorías: el *Verdadero método de estudiar para ser útil a la República y a la Iglesia* del padre Barbadiño, pseudónimo de Luis Antonio Verney, verdadera *machine de guerre* de la ilustración española y portuguesa. En esta obra Verney insistía en la necesidad del estudio de las ciencias exactas, en particular de la matemática, a la cual calificaba de "llave maestra" de todas las ciencias físicas. Asimismo subrayaba la necesidad de que en los planes de estudio se incorporasen temas de astronomía y física modernas y se permitía recomendar algunos autores como Huygens, Newton, Gravesande, Galileo, Borelli y Muschenbroeck. Verney concluía su exposición dando una serie de interesantes ideas acerca del modo como él creía que debían ser conducidos los cursos de ciencias. Al efecto nos dice:

Pongo por máxima fundamental, que en dos años puede el estudiante ver toda la filosofía de el modo que digo. En el primero puede el estudiante, aunque sea perezoso, estudiar geometría, arithmética y tener alguna idea de álgebra. No crea V. P. que pido mucho. Conozco rapaces que en dos meses estudiaron los elementos de Euclides; y entiendo que en cuatro meses puede saberlos muy bien quien no hiciere otra cosa. La arithmética es más fácil que la geometría; en un mes se puede saber perfectamente. Supuesto esto, fácilmente se entiende la álgebra, porque además de ser una arithmética literal, de lo que tiene particular se puede dar bastante idea en uno o dos meses, para poder entender los libros; porque para saberla perfectamente se requiere mucho más tiempo.

Pero para no confundir a los rapaces con la seca especulación de la mathemática, me parece mas propio unir los estudios como hacen en infinitas partes de Europa y principalmente en Italia; y la experiencia demuestra que produce muy buen efecto. En el primer año, que enseñan lógica, explican una hora todas las mañanas mathemática. En un mes se acaba la arithmética, no sólo las reglas principales, sino también las particulares, pero no pudiendo ser en un mes, sea en dos. Acabada la arithmética, se entra con la álgebra, una hora cada mañana, la cual no pudiéndose acabar en ese año se continúa en el siguiente de la física. Y por la tarde en ese primer año de lógica, la primera hora es de geometría. En el segundo año, que es de física se hace lo mismo. Por la mañana la primera hora, álgebra; por la tarde, la primera hora, sesiones cónicas, problemas de Archimedes, etc. [y] en lo restante del tiempo, digo de la lección, explican la física. Y así en dos años acaban el curso de filosofía.

Animados por un ideario pedagógico semejante, que ya revela un tipo de preocupación típicamente ilustrada, las órdenes religiosas que antes mencionamos emprendieron, al principio con bastante timidez, la reforma de los estudios en México. El recelo con el que las autoridades eclesiásticas veían cualquier innovación que se pretendiere hacer en los estudios y que pudiere afectar al dogma había estimulado ese radical misoneís-

mo que caracteriza a las colonias hispanoamericanas.
La Iglesia manifestó en repetidas ocasiones su temor
por la difusión de las nuevas ideas sobre todo en América ya que podían socavar el orden tradicional. Los
clérigos que pretendían difundir las nuevas teorías vivieron durante una época en una especie de *no man's
land*, entre Aristóteles y Newton, entre la escolástica y
la ciencia moderna, de ahí que, en ocasiones, nos parez-
can poco críticos y todavía apegados a la tradición. El
caso de los jesuitas es un claro ejemplo de esta actitud.
La mayoría de ellos fueron en realidad más filósofos
que científicos. Es evidente que les interesaba únicamente demostrar la conveniencia, desde el punto de
vista filosófico, del estudio de las ciencias físicas (que
comprendían las astronómicas) como complemento de
la filosofía. Su labor fue la de difundir la nueva física como disciplina filosófica, pero el resultado que obtuvieron fue un marcado interés, por parte de sus dis-
cípulos, por la física como ciencia experimental, a la
que dedicarían buena parte de sus estudios haciendo
caso omiso del aspecto filosófico. Los jesuitas, al par-
ticipar de la renovación junto con las otras órdenes,
posiblemente no concibieron las derivaciones e implicaciones tanto ideológicas como prácticas que tendría
su actividad modernista. No nos debería entonces de
extrañar que, cuando estudiamos a algunos de ellos,
nos encontramos con algunas facetas tradicionalistas.
Tal es el caso por ejemplo de Francisco Javier Clavijero, quien en un curso de física que nos ha legado
manuscrito, con el título de *Physica Particularis*, exponía puntos de vista acerca de la astronomía moderna
que nos parecerían totalmente superados en la época
en que Clavijero escribía esta obra. En efecto, en la

porción de su curso que dedica a explicar el sistema del mundo, después de refutar el sistema tolemaico, pasa a exponer con algún detalle el de Copérnico. Las conclusiones a las que llega después de su exposición nos revela el tipo de mentalidad que poseían estos innovadores, que se encontraban en posición difícil. Clavijero rechazaba el sistema heliocentrista por las siguientes razones: *a*) se oponía a los datos bíblicos; *b*) había sido considerado "absurdo y herético" por Roma; *c*) había sido proscrita su enseñanza en los colegios jesuitas; *d*) no concordaban sus datos con los fenómenos físicos. Como puede observarse, sólo el cuarto punto tenía contenido e implicaciones científicas y Clavijero citaba cuatro argumentos para apoyarlo que nos revelan un conocimiento poco profundo de algunos aspectos importantes de la física y de la astronomía modernas. Así, ignoraba el principio de la gravedad; rechazaba la teoría de los movimientos de la tierra y desconocía los estudios acerca de las distancias de las llamadas "estrellas fijas", lo que lo llevaba a no aceptar el sistema de Copérnico y a dar por valedero el de Tycho Brahe.

Aunque en otros autores jesuitas es posible encontrar algunos rasgos de modernidad astronómica más acusados que los pocos que encontramos en Clavijero, es evidente, por otra parte, que se trata de excepciones ya que en esta primera etapa de modernidad académica la postura de Clavijero era la más común. Así, el P. Salvador Dávila que exponía hacia 1755 las leyes de Kepler o las teorías de Newton que implicarían la aprobación del heliocentrismo o el P. Francisco Javier Alegre que explicaba en su curso la teoría de la gravitación nos haría suponer cierto avance con respecto al curso de Clavijero, pero no más allá de ciertos y algo estrechos límites que nos permiten afirmar que la labor jesuita no fue de aportación sino de fermentación.

En otras órdenes encontramas una actitud similar aunque probablemente más avanzada. Sabemos, para ilustrar esta actividad modernista de otras órdenes religiosas, que en 1768 (un año después de la expulsión de los jesuitas) el franciscano José Soria defendió en la ciudad de Querétaro unas *Cuestiones teológico-físicas* en las que exponía entre otros temas los sistemas de Tycho Brahe y de Copérnico, reconociendo la "gran dificultad" que existía para determinar el verdadero sistema del mundo.

De hecho es en esa primera etapa donde la astronomía moderna penetra en México haciendo que las tesis copernicanas entren a formar parte, junto con los descubrimientos de Galileo y de Newton, del acervo "científico, ideológico y educativo" de los mexicanos. Su aceptación estaría reservada a los científicos de los decenios posteriores.

Segunda etapa (1768-1780)

Una nueva corriente renovadora de los estudios físicos y astronómicos se hace sentir vigorosamente en los años setentas. Los vehículos de difusión de las nuevas teorías se multiplican notablemente. En los índices de libros confiscados por la Inquisición vemos aparecer las obras de Newton y de su gran divulgador del xviii, Voltaire. Asimismo sabemos que a México llegaban multitud de obras fuesen prohibidas o permitidas que eran leídas con avidez. Los viajeros que llegaban a nuestras costas eran portadores de libros científicos modernos que circulaban de mano en mano. Las obras filosóficas de Locke, Duhamel, Diderot, Bayle y las científicas de D'Alembert, Linneo, Nollet, Huygens, Franklin, etc., pasaron a formar parte determinante del acervo cultural de la entonces llamada Nueva España y del ideario de los mexicanos, ideario que fermentaría hasta desembocar en las guerras de independencia. Resulta entonces, a todas luces evidente, la falacia de la "leyenda negra del libro" en México en particular, y en Hispanoamérica en general. Por medio del contrabando de obras, como último recurso, los hombres de la Ilustración mexicana tuvieron acceso a libros muchas veces condenados por la ortodoxia. Incluso existían eclesiásticos ilustrados tales como el obispo de Puebla don Santiago José Echevarría, quien conservaba en su abundante biblioteca una selecta porción de obras prohibidas que el buen sacerdote debió leer con fruición. En otras famosas bibliotecas, como la de San Pedro y San Pablo de los jesuitas o la Biblioteca Turriana, existían obras no ortodoxas del todo así como obras científicas tales como las de Newton o sus comentadores. Un eminente filósofo y científico mexicano, Benito Díaz de Gamarra, también poseía en su biblioteca variedad de obras prohibidas. Fue este autor el principal de los *novatores* en la etapa que ahora estudiamos. Nació en Zamora de Michoacán en 1745 y fue discípulo de los jesuitas en el Colegio de San Ildefonso, pasando a estudiar el noviciado en el Colegio que la Congregación del Oratorio tenía en la villa de San Miguel el Grande. Marchó a Europa en 1767 y allá entró en contacto con las nuevas corrientes científicas y filosóficas, haciéndose al mismo tiempo de una rica biblioteca. Regresó a México en 1770 con el grado de doctor en cánones por la Universidad de Pisa y como miembro de la Academia de Ciencias de Bolonia, y con un decidido empeño de introducir en el colegio que los filipenses tenían en San Miguel, el estudio de las nuevas teorías científicas. En 1772 proponía un plan que incluía el estudio de autores como Newton, Franklin, Mariotte, Boyle, etc. En 1774 publicaba su obra *Elementa Recentioris Philosophiae* cuya segunda parte estaba dedicada íntegra a las ciencias modernas: matemáticas, física (estática, mecánica, hidrostática, electrología, óptica, etc.), química, biología, zoología, geografía, astronomía. Esta obra marca un hito en la historia de la ciencia en las colonias españolas por su indudable valor y por el gran aporte que hizo al estudio de las ciencias en México. A pesar de haber sido atacado por los misoneístas recalcitrantes, el libro de Gamarra fue pronto aceptado como libro de texto en la Real y Pontificia Universidad de México.

Los *Elementa* son ya un intento de dar en forma sistemática, y completamente separadas de la filosofía propiamente dicha, una visión de la ciencia moderna. Con él, la física y la astronomía pasan del estadio filosófico al estadio experimental y de observación; y de la discusión sobre la validez de ciertos sistemas a su comprobación empírica. Con él se inician lo que podemos llamar los estudios enciclopédicos de las ciencias en México cuyos mejores representantes aparecerán en la etapa siguiente.

En su obra, Gamarra insistía sobre la importancia de las matemáticas como base del estudio de las ciencias físicas. En el estudio introductorio a la parte de la física, hacía hincapié en que sólo los métodos geométricos y matemáticos podían proporcionar un conocimiento valedero de la naturaleza, lo que nos pone de manifiesto en qué medida lo "cualitativo" de la física tradicional había sido sustituido por lo "cuantitativo" de la física moderna. Uno de los autores a quien más frecuentemente recurre es Newton, ya sea a través de su *Philosophia Naturalis Principia Mathematica* o de su *Óptica*. Bastantes secciones de la parte dedicada a la física en los *Elementa* están apoyadas en las demostraciones del científico inglés. Gamarra recomendaba el estudio de la naturaleza no a partir de especulaciones abstractas sino desde el punto de vista de la física moderna, o como él mismo dice "con el buen método, con las observaciones, con las experiencias, con los nuevos instrumentos".

Una interesante sección de los *Elementa* está dedicada a la astronomía y en ella Gamarra se adhiere sin reservas a la teoría copernicana la cual adquiere desde entonces carta de naturalización en los estudios de astronomía en México. Gamarra no alude más a las objeciones bíblicas ya que su interés es puramente científico. Así, en su análisis posterior de la teoría de la gravitación universal y de las leyes del movimiento no hace sino complementar su exposición del sistema copernicano del mundo, acerca del cual afirma lo siguiente:

> ...el sistema copernicano, como una mera hipótesis parece mucho más apropiado que el tolemaico y el tychonico para explicar los movimientos y fenómenos de los astros... la hipótesis de Copérnico no se opone ni a la física ni a la astronomía, como el sistema tolemaico... la hipótesis copernicana es más ordenada y entrelaza en una serie armoniosa el sitio y la disposi-

ción de los cuerpos celestes... este sistema es mucho más fácil y mucho más apto para fundar las observaciones astronómicas y las demostraciones...

Impugna los sistemas de Tolomeo y de Tycho Brahe (al cual se había adherido Clavijero) por ser físicamente complejos, sobre todo el segundo que presuponía el entrecruzamiento de las órbitas planetarias. A continuación analiza los principios de la mecánica celeste newtoniana y concluye con una amplia exposición de los avances astronómicos del siglo xviii. La obra de Gamarra tanto por su alcance como por su significado merece ser colocada en un alto escaño de la historia de nuestra cultura científica.

Tercera etapa (1780-1795)

Uno de los más brillantes periodos de la historia de la ciencia en México es el que abarca los dos últimos decenios del siglo xviii. El impulso que dan al estudio de las ciencias tanto el selecto grupo de criollos que cubren buena parte de la tercera etapa que aquí analizamos, como la pléyade de profesores españoles y alemanes que llegaron a la Nueva España, hicieron de este virreinato uno de los centros de difusión y estudio de las ciencias más importantes —si no es el que más— de toda la América.

Los tratados científicos europeos más modernos, tales como los revolucionarios estudios químicos de Lavoisier o los cálculos astronómicos de Lalande y de Cassini fueron pronto conocidos y estudiados. El *Tratado elemental de química* de Lavoisier fue por primera vez traducido al español en México en el año 1797.

103

Un selecto grupo de científicos viajeros llegaron a México desde mediados de siglo estimulando aún más el interés por el estudio de las ciencias. Ejemplo de ello fue la expedición astronómica del abate francés Chappe d'Auteroche, o las expediciones geográficas o botánicas de Alcalá Galiano, Bodega y Cuadra, Malaspina y Sessé y Mociño.

Es en este ambiente donde surgen destacados astrónomos tales como Joaquín Velázquez de León o Antonio de León y Gama, matemáticos como José Ignacio Bartolache o Mariano de Zúñiga y Ontiveros y enciclopedistas tan prolíficos como José Antonio Alzate. Todos ellos fueron criollos y a su ingente labor debió la Nueva España el auge científico de estos años.

Los estudios astronómicos de Velázquez de León hicieron que el barón Alejandro de Humboldt lo destacase como el "geómetra más señalado" de la Nueva España. Autodidacta y empeñoso lector de Bacon y Newton, Velázquez nos legó múltiples observaciones astronómicas y las precisas determinaciones de la longitud y de la latitud de la ciudad de México, que en las tablas geográficas europeas de la época aparecía con algunos grados de error tanto de longitud como de latitud, lo que desvirtuaba en mucho la precisión de las cartas geográficas. Asimismo realizó la triangulación del valle de México, primer trabajo de geodesia que podemos calificar de exacto, ejecutado en México.

Las preocupaciones de Velázquez lo hicieron dedicar gran parte de sus conocimientos al estudio de la minería y de la metalurgia en el caso específico de México. No por ello dejó de lado sus trabajos astronómicos. Ya desde 1769 había estado en California observando el tránsito de Venus por el disco del Sol.

A la llegada de Chappe a la península no fue poca
su sorpresa al encontrarse con Velázquez, quien ya había realizado precisas observaciones ayudado únicamente de un muy rudimentario instrumental astronómico
construido casi totalmente por él mismo. Chappe elo-
gió bastante los cálculos obtenidos por Velázquez de
León.

Su acendrado criollismo lo llevará en repetidas ocasiones a lamentarse por la carencia que padecía la Nueva España de instrumentos astronómicos adecuados así
como de tablas precisas, pero sobre todo se quejará del
desprecio con que los europeos veían las aportaciones
científicas de los americanos en general y de los mexicanos en particular. En un interesante párrafo de
sus *Observaciones para determinar la longitud del valle de México* rompe el hilo de su exposición para disertar acerca de esta actitud de los europeos en los siguientes términos:

> es mucho el encogimiento, temor y dificultad que re-
> gularmente tienen los españoles mexicanos para produ-
> cir sus ideas, y mucho mayor la preocupación de los
> europeos acerca de nuestra barbarie. ¿Cómo habían de
> solicitar noticias de unos hombres que todavía se ima-
> ginasen con el arco y el plumaje, como nos pintan en
> los mapas?

Y no le faltaba cierta razón a Velázquez de León,
quien incluso se había permitido corregir y enmendar
los cálculos por astrónomos europeos tan famosos como
La Hire y Cassini.

Amigo de Velázquez y también astrónomo fue León
y Gama. A ambos los une asimismo el abandono ex-
plícito de las especulaciones acerca del verdadero sis-

tema del mundo que todavía preocupaban a Gamarra. En estos dos hombres de ciencia la experiencia y la observación habían sustituido totalmente a la especulación filosófico-científica que caracteriza a la apertura jesuítica. Ambos fueron ante todo astrónomos prácticos para quienes las teorías copernicanas, keplerianas y newtonianas eran verdades inconcusas y casi axiomáticas. En un interesante pasaje de su obra titulada *Disertación sobre la materia y formación de las auroras boreales*, León y Gama resume lo que sería el credo científico de este grupo criollo:

> Es principio asentado entre filósofos modernos que, para indagar las obras de la naturaleza, no se hayan de fundar en fingidas hipótesis o ligeras conjeturas, sino en demostraciones claras, deducidas por cálculos matemáticos o experimentos ciertos, para no incurrir en grandes errores: así se explica el célebre Samuel Clarke, intérprete de la *Óptica* de Newton al principio de la obra, y el mismo Newton en ella. De manera que todas aquellas opiniones que no tienen otra prueba ni matemática ni física que la débil conjetura de sus autores, se deben desterrar de toda buena filosofía; mayormente cuando las razones en que se fundan tienen entre sí cierta repugnancia, que no se pueden fácilmente combinar... Una explicación que se hace por discursos se queda solamente en la idea sin que convenza al entendimiento la razón que no se apoya en ejemplares, principalmente de aquellos que no dejan lugar a duda.

Acorde con este modo de pensar, León y Gama realizó acuciosas observaciones de eclipses, cometas y otros fenómenos celestes, las cuales dejó fielmente reseñadas en algunas obras que logró ver impresas y en copiosos manuscritos que permanecen inéditos. Su obra *Descripción Orthographica Universal del eclipse de sol del día 24 de junio de 1778* es posible la obra de astronomía pura más precisa en sus mediciones y más exacta y elegante en sus cálculos de todo el siglo XVIII mexicano. Su análisis de las fases del eclipse y el mapa correspondiente revelan sus profundos conocimientos de autores como Kepler, Cassini, Newton, Manfredi, Zanotti y Lalande, a los cuales hace referencia. Esta obra de León y Gama fue costeada por Velázquez de León y ayudó a determinar la correcta ubicación geográfica de la ciudad de México.

Cabe por último añadir que sus cálculos del eclipse del 6 de noviembre de 1771 que envió a París, recibieron los elogios del astrónomo Lalande, quien le envió una carta donde aquilataba en muy alto grado sus conocimientos astronómicos.

La última figura de esta etapa es la del clérigo, polemista, periodista y enciclopedista José Antonio Alzate, una de las figuras más representativas del movimiento ilustrado científico mexicano. Su ingente labor abarca publicaciones que van, de 1768 con el *Diario literario de México*, primer periódico científico de la Nueva España, hasta las justamente célebres *Gacetas de Literatura*, publicadas entre 1788 y 1795. En estas obras y en otras que publicó entre esos años encontramos, antes que nada, un legítimo y constante deseo de difundir los conocimientos científicos y sus aplicaciones prácticas entre el mayor número de súbditos novohispanos posible. Con gastos bastante onerosos realizados de su propio peculio y eliminando muchos y graves obstáculos, Alzate se propuso y logró llegar a un buen número de lectores. Su obra carece de la es-

pecialización y meticulosidad de los trabajos de Velázquez de León o de los de León y Gama y comprende
un gran número de temas que van desde la botánica hasta la astronomía pasando por la farmacopea, la
medicina, la electricidad, la química, la geografía, la mecánica, la ingeniería, la zoología, la historia, la arqueología, etc. En Alzate encontramos asimismo un marcado interés en eliminar las viejas modalidades escolásticas en la enseñanza y un positivo empeño en susti-
tuirlas por el estudio de las ciencias modernas. Así,
en un pasaje de sus *Gacetas de Literatura*, dice refiriéndose a estas últimas y no sin cierta exageración:

En la Nueva España no se ha dado ·el más ligero paso
para contribuir a tan útiles conocimientos: la falta de
la protección real porque no se ha ocurrido a solicitarla,
el menosprecio de las matemáticas (es necesario confesar la verdad), a causa de que apoderados de la enseñanza y dirección los que sólo piensan en lo que se
supo ahora muchos siglos, y que reputan por imperti-
nentes novedades todo aquello que ignoran aunque sea
útil...

Alzate fue asimismo un infatigable astrónomo tanto
teórico como práctico. Las alusiones que hace a Newton y a su sistema son numerosas y parece haber conocido bien sus obras y las de sus comentaristas. Se
refiere a los newtonianos como a aquellos "que supie-
ron fundar su filosofía sobre los incontestables principios de las matemáticas". Sobre el sistema de la atracción se expresa en los siguientes términos:

es menester confesar que si un filósofo debe adoptar algún sistema, es sin duda alguna el de la atracción. Sea

108

la que fuere su causa, lo cierto es que los fenómenos, tanto en el cielo como en la tierra, nos la demuestran tan claramente, que no es posible dudar de su existencia.

Elogia Alzate en repetidas ocasiones el hecho de que la Universidad, el Seminario Pontificio y los colegios de enseñanza superior hubiesen adoptado como texto las *Institutiones Philosophicae* de Francisco Jacquier, quien dedicaba buena parte de esta obra al estudio de las ciencias exactas amén de que hacía fe de copernicanismo, exponiendo además las teorías de Newton.

Los hombres de ciencia criollos que acabamos de mencionar tuvieron entre sí acres y a veces pintorescas polémicas sobre diversos temas de astronomía, de medicina, de historia, pero un afán común los animaba: el del cultivo de las ciencias y su difusión. Eran casi todos ellos investigadores infatigables empeñados en establecer centros de experimentación y enseñanza, y dedicados, como en el caso de Alzate, a la redacción de múltiples opúsculos y gacetas de vulgarización. Cuando el esfuerzo oficial de la Corona española entroncó con esta corriente ilustrada criolla, surgieron centros tan destacados como el Real Seminario de Minería, y el Jardín Botánico. Ahí cristalizó buena parte de la labor de estos eminentes sabios mexicanos.

Cuarta etapa (1795-1803)

El proceso ilustrado logró su mejor y más lograda expresión con las reformas borbónicas que se vertieron generosamente en las colonias estimulando y generalizando lo que antes había sido sólo el obstinado y meritorio empeño de unos cuantos. A México llegaron destacados mineralogistas como Fausto de Elhuyar, Andrés del Río, y Federico Sonneschmidt; botánicos como Vicente Cervantes y Martín Sessé, etc. La acción directa del despotismo ilustrado halló terreno fértil en el campo de las ciencias en México, el cual llegó a ser el centro de modernidad científica más avanzado de todo el continente y cuyas instituciones educativas no eran igualadas, según Humboldt, ni siquiera por las de los Estados Unidos.

Los científicos mexicanos y europeos hicieron numerosas observaciones astronómicas y determinaciones geográficas. Levantaron mapas a todo lo largo y ancho del virreinato así como de sus litorales. Se recolectaron y clasificaron múltiples especies botánicas y zoológicas. Al arribar el barón de Humboldt a Acapulco en marzo de 1803, llegaba a un verdadero semillero de información científica que fue generosamente puesto a su disposición. El *Ensayo político sobre el reyno de la Nueva España* fue el fruto de esta recolección y es una verdadera síntesis científica de fines de la colonia.

Humboldt se allegó muchas observaciones astronómicas realizadas por científicos mexicanos, y utilizó dichos cálculos para complementar los suyos propios. Este grupo de astrónomos y científicos era egresado del Real Seminario de Minería donde don Francisco Antonio Bataller en 1802 daba un muy avanzado curso de estática, cinética y dinámica explicando las leyes de la atracción y el sistema de la mecánica celeste de Newton.

Así, cuando en 1803 el virrey José de Iturrigaray visitó la Real y Pontificia Universidad pudo contemplar

entre las diversas figuras alegóricas que representaban
a las diferentes ciencias, a la de la astronomía que según un testigo de vista, era una "Joven hermosa coronada de estrellas de plata ... en una mano [tenía] un
anteojo en actitud de ver a la Verdad y en la otra
un compás; su vestido [era una] túnica de color de
rosa y manto celeste, esmaltado de estrellas con san-
dalias y ligas de plata: su Genio decía: *Inter sidera
versor* (Me ocupo del conocimiento de los astros)".

VI. DÍAZ DE GAMARRA Y SUS "ACADEMIAS FILOSÓFICAS" *

Modernidad académica: los jesuitas

El florecimiento cultural de la segunda mitad del siglo XVIII en México, varias veces estudiado, ha puesto de manifiesto la importancia que tuvo en este proceso la difusión tanto de la filosofía moderna como de las ciencias físicas, teóricas o experimentales, que se estudiaban en Europa desde mediados del siglo anterior y aun antes. Tanto la filosofía como la física (relacionadas en forma inseparable en los sistemas propuestos entonces) constituyeron, según un autor, "campos los más poderosos y que seguían siendo rectores o modelos para los demás".[1]

Fue en este ambiente de auge cultural donde los jesuitas desempeñaron importante papel. Sabemos que en sus escuelas se conocían y estudiaba la filosofía y la física más avanzadas. Los cursos de física incluían autores como Bacon, Descartes, Gassendi, Newton, Galileo, Torricelli, Boyle, Guericke y Franklin.[2] La modernidad académica de los jesuitas en el terreno científico, que es el que aquí tratamos, salta a la vista

* *Humanidades*, I, Anuario 1973, Universidad Iberoamericana, 1974, pp. 235-249.

[1] Bernabé Navarro, *Cultura mexicana moderna en el siglo XVIII*, UNAM, México, 1964, p. 106.

[2] *Ibid.*, p. 128.

112

cuando leemos el tipo de temas de física que se debatían en los cursos: se estudiaban la mecánica y las propiedades físicas de los cuerpos; las leyes newtonianas del movimiento; la hidrostática, termometría, acústica, óptica, electrostática, astronomía y sistemas del mundo. Casi no hay rama de la física de la época que no haya sido tratada en las instituciones docentes de los jesuitas. Fue en éste ambiente de modernidad científica donde floreció, en sus primeros años, el autor al que hemos dedicado estas notas.

Modernidad académica: Díaz de Gamarra

Juan Benito Díaz de Gamarra nació en Zamora en 1745. Estudió humanidades en el Colegio de San Ildefonso de México e hizo el noviciado y los estudios sacerdotales en la Congregación del Oratorio de San Miguel el Grande. Marchó a Europa en 1767 donde entró en contacto con las nuevas corrientes científicas y filosóficas, haciéndose de una rica biblioteca. Regresó en 1770 con el grado de doctor en Cánones por la Universidad de Pisa, y como miembro de la Academia de Ciencias de Bolonia. A su llegada los filipenses lo propusieron y nombraron prefecto de estudios y catedrático de filosofía en el Colegio de San Francisco de Sales de la villa de San Miguel el Grande. La instrucción de los jóvenes llevada a cabo dentro de este ambiente de renovación filosófica y científica (aunque no exenta de agudos problemas y grandes dificultades) y la redacción de obras de temática variada consumieron los últimos años de su vida. Falleció en 1783.[3] Sus

[3] Victoria Junco de Meyer, *Gamarra o el eclecticismo en*

113

obras principales de índole científica o filosófica son: *Academias filosóficas, Elementa Recentioris Philosophiae, Errores del entendimiento humano, Memorial ajustado* y *De Vetusta studiorium ratione in philosophicis disciplinis reformata.*[4] Fue Díaz de Gamarra uno de los más destacados pensadores, pedagogos y divulgadores de la ciencia moderna que aparecieron en México en la segunda mitad del siglo xviii. Sucesor en buena medida, de los expulsos jesuitas, fue a su vez un claro antecedente de los científicos ilustrados del último tercio del siglo, tales como Alzate, León y Gama, Bartolache o Velázquez de León.

Después de 1780, como se ha visto bien,[5] la filosofía moderna en general y las ciencias en particular logran gran difusión a la sombra de las reformas ilustradas de Carlos III; ahora bien, si nosotros hemos concretado nuestro estudio a lo puramente científico es debido a la índole misma del opúsculo que aquí estudiamos y no a un enfoque unilateral. Por otra parte, un análisis de mayores alcances de la obra científica completa de este sabio oratoriano permitirá, en un futuro, evaluar otras influencias de contenido más filosófico, que indudablemente existen en la obra de nuestro autor pero que ahora necesariamente excluimos.

México, Fondo de Cultura Económica, México, 1973, pp. 31-59. Éste es el estudio más completo acerca de la vida y obra de este autor.

    [4] *Ibid.*, pp. 59-60.

    [5] José Miranda, *Humboldt y México*, unam, México, 1962, p. 43.

Poco tiempo después de su llegada de Europa y de asumir la cátedra de filosofía en el Colegio de San Francisco de Sales, Díaz de Gamarra propuso un nuevo plan de estudios para los cursos de dicha institución. Dicho plan, inspirado totalmente en la filosofía moderna, con la que había entrado en contacto en Europa, se basaba en los programas de estudios seguidos allende el Atlántico y representaba para México la renovación más radical de los estudios filosóficos que se hubiesen realizado después de la expulsión de los jesuitas. El meollo de dichos *Planes* o *Academias* consistía en desterrar de la cátedra las inútiles disertaciones escolásticas sustituyéndolas, en la medida que fuese posible, con el estudio de los filósofos modernos y de las ciencias de la naturaleza, en particular de la física teórica y experimental.

Es evidente entonces que el plan propuesto tuviese mucho de revolucionario, y si comparamos las materias que proponía cursar con las otras instituciones docentes novohispanas nos daremos una idea de la profundidad de la renovación iniciada por el oratoriano.[6]

Estas primeras *Academias de Física* vieron la luz el 20 de julio de 1772 y estaban dedicadas al obispo Manuel de Roda y Arrieta. El propósito de publicarlas nos lo dice Gamarra en la Dedicatoria:

Estas funciones literarias, (son) desconocidas enteramente en nuestra América... En el tiempo que es-

[6] *Ibid.*, pp. 45-46.

tuve en aquella ciudad (Roma) asistí con frecuencia
a las que tenían en el Colegio de las Escuelas Pías y
en el Clementino de los P.P. Somascos, procurando
siempre instruirme en todas aquellas cosas útiles para
la enseñanza de la juventud, para establecerlas después
en este Colegio, que la piedad de Fernando VI confió
a esta Congregación. Siguiendo pues la mejor práctica
de los Colegios de Europa y lo que han escrito los
más célebres autores que tratan de métodos de estudios, sin apartarnos del Sol de las Escuelas, el Angélico
Doctor Santo Tomás, se ha procurado reformar en
mucha parte la Filosofía, haciendo su estudio agradable a la juventud y útil a la Religión y al Estado, des-
terrando de nuestras aulas la mayor parte de tantas
cuestiones inútiles, con que se atormenta el ingenio
de los jóvenes, haciéndoles cobrar horror a las letras.[7]

A principios de 1774 Gamarra dio fin a unas nuevas
Academias de Física que no eran otras que las *Academias Filosóficas*, impresas ese mismo año. Dichas *Academias* estaban en esta ocasión dedicadas al obispo de
Michoacán don Luis Fernando de Hoyos y Mier quien
había ocupado la diócesis desde octubre de 1773. Este
eclesiástico de ideas ilustradas dio su anuencia el 3 de
enero de 1774 para que las *Academias* fuesen publicadas bajo sus auspicios. En una carta dirigida a Gamarra y que resulta muy sugestiva respecto del clima de
simpatía que existía hacia los programas de estudios
que proponía el oratoriano, agradecía y aceptaba la dedicatoria en los siguientes términos:

[7] Citado por: Esteban Ramírez, *Díaz de Gamarra Bio-Bi-
bliografía*, México, 1955, pp. 36-37. No conocemos ningún ejem-
plar de estas primeras *Academias* citadas aquí por el P. Ramírez.

Muy señor mío de mi mayor estimación y aprecio: Entre las embarazosas ocurrencias de mi consagración, que a Dios gracias, se efectuó con toda felicidad y fortuna el día del apóstol y señor S. Juan Evangelista, me participó el Dr. D. José de Bartolache la proposición que V. Md. me expresa sobre que se den a la prensa y salgan al público bajo mi nombre y auspicio las cuatro Academias que a la conclusión del Curso de Artes se ha de sustentar en ese Colegio, y en que se exponen en nuestro idioma las más principales materias que se han tratado en la física. Supongo que el mismo doctor habrá ya anticipado a V. Md. el aviso de la particular complacencia con que he recibido la propuesta. Sin embargo, manifiesto a V. Md. el mismo gusto y satisfacción con que admito y acepto reconocido convite, como tan interesado en el aumento y adelantamientos en las artes y ciencias, dentro de esa mi diócesis, sirviéndome de muy especial consuelo el reconocer que florecen en ella con tanto gusto, erudición y tan bellos progresos: todos se deben a la aplicación, estudio, observación y talentos de V. Md. por lo que se hace y se hará justamente acreedor de los elogios y gratitud de toda esta nuestra América. Dios guarde a Ud.

Luis Obispo de Michoacán.[8]

Es de notar que las referencias en esta carta a las relaciones entre Gamarra y Bartolache son un indicio fehaciente de la comunicación científica que existía entre ambos. Posteriormente tendremos ocasión de mostrar el conocimiento que tenía nuestro oratoriano de la obra de Bartolache.

Estas segundas *Academias Filosóficas* han sido mencionadas en repetidas ocasiones pero casi nadie parece

---

[8] Citado en: *Ibid.*, pp. 50-51.

haber visto el impreso.[9] Incluso bibliógrafos como Nicolás León o Valverde y Téllez dan el sumario de las partes que contiene y de sus características sin aventurar más sobre su descripción.[10] El título completo de la obra es: *Academias filosóficas que se han de tener públicamente en el colegio de S. Francisco de Sales de los PP. De la Congregación del Oratorio de S. Felipe Neri en la Villa de S. Miguel el Grande. Dedícalas al Ilustrísimo Señor Doctor Don Luis Fernando de Hoyos y Mier, de Consejo de su Magestad, Dignísimo Obispo de Michuacán, etc. etc. El P. Dr. D. Juan Benito Gamarra y Dávalos, Presbítero Secular de dicha Congregación, Comisario del Santo Oficio, Profesor de Filosofía, y Rector del mismo Colegio. Con licencia. Impresa en México, por D. Felipe de Zúñiga y Ontiveros. Calle de la Palma, año de 1744.*

Consta este opúsculo de 7 hojas preliminares y 15 páginas en 4º y fue impreso posiblemente en los dos o tres primeros meses de 1774, ya que el 16 de abril de este mismo año Díaz de Gamarra solicitó permiso para imprimir lo que sería su obra científica más acabada, los *Elementa Recentioris Philosophiae;* de ahí que nos sea posible afirmar que las *Academias* son un

---

[9] Junco, *op. cit.*, p. 59; Miranda, *op. cit.*, p. 40; Eli de Gortari, *La ciencia en la historia de México*, Fondo de Cultura Económica, México, 1963, p. 244.

[10] Emeterio Valverde y Téllez, *Bibliografía filosófica mexicana*, 2ª ed., León, Imprenta de Jesús Rodríguez, 1913, p. 115 (Lo toma de: N. León, *Bibliografía mexicana del siglo XVIII*.) El P. Ramírez en su obra citada reproduce (pp. 52 ss.) un fragmento de la "Dedicatoria" aunque no menciona su procedencia. Es la única noticia que tenemos de la utilización y conocimiento de este opúsculo.

118

valioso antecedente de la parte de física de la obra mencionada y no viceversa como se ha supuesto.[11]

Sin embargo, la interrelación de ambas obras es evidente, ya que desde agosto de 1773, o sea cinco meses antes de la impresión de las *Academias*, ya habían sido ventilados en público, a raíz de la tesis presentada por un alumno de Gamarra llamado Francisco de Paula, los principales puntos contenidos tanto en las *Academias* como en la parte correspondiente a la física de los *Elementa*. Dichos puntos eran: "De la naturaleza de los cuerpos, sus principios, propiedades; del lugar, movimiento, leyes de la naturaleza, movimiento reflejo, virtud eléctrica, del rayo, terremotos, fluidez, cualidades de los cuerpos sensibles, cualidades ocultas y de las plantas".[12]

La relación tanto cronológica como temática entre ambas obras es pues incuestionable, sólo que en la sección consagrada a la física de los *Elementa* han sido desarrollados ampliamente los temas que las *Academias* no hacen sino esbozar. No obstante lo anterior, un solo criterio científico, apoyado en ciertos postulados teóricos, ha concebido ambas obras. Conviene que revisemos dichos postulados.

IDEA DE LA FÍSICA. LA GEOMETRÍA. AUTORIDADES

Díaz de Gamarra distinguía bien la ciencia natural de la filosofía propiamente dicha, y aunque concebía a ambas como pertenecientes a un tronco común era consciente de las características metodológicas que cada

[11] Miranda, *op. cit.*, pp. 39-40.
[12] Ramírez, *op. cit.*, p. 80.

una tenía y que las diferenciaba totalmente.[13] "Gamarra —dice un autor— se cuenta entre aquellos que siguieron dando el nombre de filosofía a lo que hoy llamamos exclusivamente ciencia, pero que estaban más interesados en ésta que en toda filosofía".[14] La noción que tenía el filipense de que los métodos matemáticos son los propios de la ciencia física, y la importancia que concede en sus *Elementa* a los conocimientos geométricos como base de la física nos muestra en qué medida lo "cualitativo" de la física tradicional ha cedido el paso a lo "cuantitativo" de la física moderna.[15] Su inclinación por las matemáticas aparentemente surgió durante su estancia en Europa pues allá se proveyó de suficientes libros de geometría y matemáticas[16] como para poder desarrollar la parte demostrativa de sus *Elementa* en forma clara y rigurosa.[17] Ya al principio de la física, al tratar, en los llamados prolegómenos, el tema "Del Estudio de la Geometría" ponderó las virtudes del conocimiento y del método geométri-

[13] Junco, *op. cit.*, p. 122.

[14] *Ibid.*, p. 63.

[15] Sabemos por Alzate que el autor de la sección de "Geometría" de los *Elementa* fue Agustín de la Rotea. El final del prefacio de dicha sección indica que Gamarra no fue el autor (J. A. Alzate, *Gacetas de literatura de México*, Puebla, Reimpresas en la Oficina del Hospital de San Pedro, 1831, I, pp. 42-43). Véase asimismo: Ramírez, *op. cit.*, pp. 71-72, donde reproduce la noticia que da Alzate.

[16] Johann Benedicti Díaz de Gamarra, *Elementa Recentioris Philosophiae*, México, D. Joseph A. Jauregui, Anno D. MDCCLXXIV. Véase, de la primera parte, el prefacio de los *Elementorum Geometriae*.

[17] Véase, para ilustrar esto, en la segunda parte de la Física, donde trata del movimiento, el uso que hace de los métodos geométricos. Cf. sobre todo cap. ii (pp. 93 *ss.*) y cap. v (pp. 110 *ss.*).

co apoyándose en el matemático español Caramuel y en el filósofo Platón.[18] En el aspecto matemático es Gamarra un discípulo de Newton a quien, indudablemente, sigue de cerca en muchas de sus demostraciones; y aunque no lo cite directamente es evidente que grandes fragmentos de la física están inspirados en los *Philosophia Naturalis Principia Mathematica* o en la *Óptica*,[19] aunque es indudable que bebió también en otras fuentes buena parte de sus ideas acerca del método científico. Conocía por ejemplo las obras de Bacon a quien cita a menudo.

Por lo demás, su noción de la física es bastante clara para hacernos conocer cuán lejos se hallaba de las nociones de la física peripatética. Al efecto afirmó:

La física trata del cuerpo en cuanto es natural, o sea en cuanto está sujeto a las afecciones sensibles y es susceptible de todas las mutaciones que contemplamos que suceden en el mundo, y de aquí podemos distinguir el cuerpo natural del matemático y la misma física de la geometría, aunque tengan como objeto el mismo cuerpo. Los objetos de la física son el cuerpo, el espacio y el movimiento. Cualquier cosa que vemos con los ojos o tocamos con la mano y que resiste a la presión lo llamamos cuerpo; a la extensión del Universo donde se hallan dichos cuerpos y donde libremente se mueven, la llamamos espacio; a la traslación de estos cuerpos de un sitio a otro del espacio, lo llamamos movimiento.[20]

[18] *Ibid.*, p. 6, núm. 17.
[19] Junco, *op. cit.*, p. 170.
[20] Conviene comparar estas definiciones con las que da Newton en sus *Principia*. Cf.: Isaac Newton, *The Mathematical Principles of Natural Philosoyhy*, The Citadel Press, New York, 1964, pp. 17-18.

Todos los sitios, movimientos, mutaciones y acciones
de los cuerpos que observamos por medio de los sentidos se llaman fenómenos.

Todos los cuerpos se mueven según ciertas reglas o
leyes. La ley natural es aquella norma, según la cual,
Dios quiso que determinada clase de movimientos se
llevaran a cabo siempre de la misma forma... Con el
auxilio de dichas leyes, comprendemos qué es lo que
sucede en forma natural y qué es lo que sucede en forma milagrosa, ya que los fenómenos naturales son aquellos que se observan siempre de igual manera, siendo los
milagros los que suceden contrariando dichas leyes.[21]

Para finalizar este apartado es necesario mencionar
que las influencias sobre nuestro oratoriano, de los
principales autores científicos antes citados, salta a la
vista en cada página, tanto de las *Academias* como de
los *Elementa*, ya que el sistema de exposición de nuestro autor permitía dar cabida a diversas teorías científicas, las cuales eran o aprobadas o rechazadas después
de un detenido análisis. Un catálogo sucinto de estos
autores aparece al final de nuestro estudio.

ESTRUCTURA Y CONTENIDO DE LAS
"ACADEMIAS FILOSÓFICAS"

La estructura de las *Academias Filosóficas* es muy sen-
cilla dadas sus reducidas dimensiones. Siendo en rigor
un "Plan de estudios de física", es natural que tres de
las cuatro disertaciones incluidas versen sobre temas
de física teórica. La obra se abre con una larga dedicatoria donde Díaz de Gamarra hizo un elogio de la

[21] *Elementa*, Pars IV, *Prolegomena*, p. 2, núm. 2-3-4.

filosofía moderna precedido de una brevísima historia de la filosofía cuyos orígenes hacía remontar a los "siglos bárbaros".

Con cierta elocuencia lanzaba un ataque al peripatetismo repitiendo temas que desarrollaría posteriormente en el célebre *Memorial Ajustado*.[22] Al efecto decía: "Hablaba Aristóteles; la experiencia y la razón no se atrevían a contradecirle. Esta era la filosofía antes de los Verulamios, Descartes, y Newtones, Leibnitzes, Boerhaaves, Wolffs, Desagüiliers, Muschembroecks".

La cita de estos autores modernos es suficiente para darnos cuenta de su postura respecto de las corrientes científicas europeas modernas. Una breve apología de la nueva filosofía está claramente expuesta en un fragmento posterior:

> Comparecieron estos grandes hombres, i pelearon a favor de la razón contra todo el Universo, que estaba sugeto al peripatetismo. Los principios sólidos, las ideas claras y distintas, la hermosa luz de la experiencia, fueron las armas con que estos sabios filósofos hicieron la guerra a la preocupación, i este fue el tribunal donde fueron citados i juzgados todos los conocimintos y opiniones humanas.

Mencionaba a continuación la reforma de los estudios universitarios inciada por Carlos III quien, según él, propuso la "útil y sensata filosofía" para los planes de estudios de las universidades de Salamanca, de Alcalá, de Valladolid; y expresaba que tal había sido también su intención desde 1771 en el Colegio de San Francisco de Sales, ya que:

[22] Alzate, *op. cit.*, ii, pp. 65-74.

. . .las utilidades i ventajas, que logran los jóvenes en
los colegios de Italia con el estudio de la buena filosofía (como yo mismo observé el tiempo que me detuve
en aquellos países) me hicieron conocer que debía so-
licitar las mismas a la juventud de nuestra América, i
con este intento he procurado, el primero de mis com-
patriotas, instruir a los jóvenes americanos en todo lo
mejor que se encuentra en los más célebres filósofos,
formándoles el gusto con una filosofía, en cuanto me
parece, clara i metódica, libre de aquellas vanas sub-
tilezas de la Escuela, abundante en descubrimientos
útiles. . .

Reconocía a continuación la oposición que le hacían
los partidarios de la "preocupación", del "antiguo método" y todos aquellos que no querían dar oído "a la
razón y a la experiencia". Ponderaba por último la utilidad de que las *Academias* estuviesen escritas en "len
gua nativa". La *Dedicatoria* es pues un escrito que habla por sí mismo de los méritos de su autor y que nos
revela, al decir del P. Ramírez, su "tenacidad de carácter y el viril empuje de su ánima".[23]

Las cuatro disertaciones que siguen poseen cada una
un epígrafe latino tomado del *Anti-Lucrecio*. La primera, que trata de la física, fue presentada por D.
Josef Melendez i Casares "alumno del colegio de San
Francisco" quien la definió diciendo que era: "la ciencia de los cuerpos, esto es, de todas las substancias
sensibles que componen el Universo, de sus fenómenos, de sus causas, de sus efectos, de sus diversos movimientos, propiedades y operaciones".

Esta definición tiene indudables paralelos con la expuesta en los *Elementa* que asentábamos más arriba.

[23] Ramírez, *op. cit.*, p. 55.

Por otra parte para el autor de esta disertación el hecho de conocer y estudiar esos fenómenos lo llevaba a ser "confidente de la naturaleza" pues en ella descubría a Dios, a sus leyes y a todo el orden de la creación.

A continuación criticaba duramente a la "física vulgar" que era la que "comunmente se enseña en las escuelas" y que, según él, era inferior a la "nueva física" ya que con la física de los peripatéticos, "sólo se explica la naturaleza con abstracciones metafísicas, con qualidades elementales i ocultas, con antipatías" mientras que la física moderna estudiaba la naturaleza "en sí misma, con el buen método, con las observaciones, con las experiencias, con los nuevos instrumentos".

La segunda disertación, titulada: "La electricidad explicada con una nueva teoría" fue expuesta por el alumno D. Josef Ramón de Otaegui Taberne i Caso. En ella se impugnaba a los "físicos electrizantes" más importantes del momento tales como Franklin, Nollet, Jallabert y Beccaria y se criticaban sus hipótesis acerca de la naturaleza del fluido eléctrico. Este fragmento fue desarrollado posteriormente en una amplia sección de la física de los *Elementa* donde Gamarra rechazó nuevamente la opinión de estos físicos, para abrazar las teorías del físico Paulian.[24] Es de notar el conocimiento que poseía nuestro autor de la obra del norteamericano Franklin a quien consagra dos apartados de los *Elementa*.[25]

Las novedosas experiencias europeas en torno a los fenómenos eléctricos, que producían un justificado pánico en los no iniciados, fueron tomadas muy en serio por el expositor, quien concluyó diciendo que los pro-

[24] *Elementa*, Pars III, *Electrología*, cap. III, pp. 145 ss.
[25] *Ibid.*, p. 151, núm. 479-480.

digios que aterrorizaban al vulgo permitían al físico "inquirir sus causas, i examinar por qué ocultos reportes pueden obrarse semejantes prodigios".

La tercera disertación fue expuesta por D. Josef Vicente Cavadas i Jaso "alumno del mismo Colegio". Versó sobre la "óptica" y en ella se explicaba y definía esta rama de la física sin aventurar ninguna teoría sobre la naturaleza de la luz. El expositor habló de los aparatos ópticos, de los lentes cóncavos y convexos y de los tipos de imágenes que proporcionan; del prisma y de la refracción de la luz en "los siete colores primitivos". Esbozaba de esta manera y muy someramente un tema que expondría ampliamente en los *Elementa*.[26]

La cuarta y última disertación, la más larga, no es de física y trata sobre "la alma de los brutos". Fue encomendada a D. Bernardo Joaquín Jurado Urtiaga Aguado i Faxardo, también alumno del Colegio, quien echándose a cuestas tan penoso asunto refutó la teoría de Descartes quien sostenía que los brutos son máquinas insensibles. Apoyado en una lista impresionante de autores y en las cuatro divisiones que de los seres había hecho San Bernardo, afirmó que los brutos tienen un alma espiritual, principio activo e inmaterial, inferior al alma humana, mortal, sin libertad, que sólo conoce por medio de la imaginación y por la sensación, sin reflexión ni meditación, sin percepciones universales ni reglas abstraídas. La influencia tomista se percibe en todo el escrito el cual concluye diciendo que esa doctrina estaba destinada a arruinar al "impío ma-

[26] *Ibid.*, p. 200, núm. 635-681. Esta sección está muy influenciada por la *Óptica* de Newton.

terialismo". Esta disertación tiene una cierta relación
con la sección sobre tema similar de los *Elementa*.[27]
Por otra parte, es evidente que este tema fue inspirado íntegramente por Feijoo (*Teatro Crítico*, III, disc.
IX) de quien Gamarra tomó casi todas sus fuentes.

RELACIÓN ENTRE LAS "ACADEMIAS FILOSÓFICAS" Y LOS "ELEMENTA"

Los pasajes paralelos entre las *Academias* y los *Elementa* pueden quedar esquematizados de la siguiente
manera:

Academias Filosóficas	*Elementa*
1a. Disertación: Física, pp. 1-4	Física. Prolegomena pp. 1-8
2a. Disertación: Electricidad, pp. 5-7	Física. Pars III, cap. III, pp. 145 *ss.*
3a. Disertación: Óptica, pp. 8-10	Física. Pars IV, Dissertatio IV, pp. 200 *ss.*
4a. Disertación: La Alma de Los Brutos, pp. 11-15	Metafísica. Pars Altera, Dissertatio II, pp. 40 *ss.*

[27] *Ibid., Metaphysices.* Pars Altera, *Dissertatio* II, pp. 40 *ss.*,
núm. 122-161. Una reseña histórica del famoso debate sobre el
alma de las bestias puede verse en: M. Guer, *Storia Serio-Criti-
co-Giocosa dell'anima delle bestie*, In Napoli, nella Stamperia
di Angelo Vacola, 1752.

Los autores científicos mencionados por Gamarra en la física de los *Elementa* son 84, según Victoria Junco,[28] aunque es indudable que algunos de ellos aparecen sólo eventualmente mientras que otros han inspirado amplias secciones de·esa obra. Por otra parte, todos los autores citados en las *Academias* aparecen citados en la Física. Así, los principales y más socorridos por nuestro oratoriano son: Bacon, Bartolache,[29] Boerhaavius, Boyle, Caramuel, Descartes, du Fay, Fahrenheit, Franklin, Gassendi, Hartsoeker, Huygens, Jacquier, Kircher, Klaus, Leibnitz, Lemery, Lewenhoeck, Malebranche, Mariotte, Mersenne, Musschembroeck, Newton,[30] Nollet, Perrault, Pluche, Purchot, Reaumur, Regnault, Rohault, S'Gravesande, S. de la Fond, Schott, Stevinus, Tosca, Varignon, Verney, Wallis, Wolf.

Entre los autores "materialistas" cita en ambas obras a Hobbes, Spinoza y Boyle.[31] Sus autoridades sobre el tema del "alma de los brutos" son, en su mayor par-

[28] Junco, *op. cit.*, p. 166.

[29] En los *Elementa*, Gamarra cita el *Mercurio Volante* de Bartolache de quien se expresa en términos muy elogiosos. Cf. *Elementa, Física*, p. 188, núm. 598.

[30] Entre los libros prohibidos que poseía Gamarra aparece la *Opere Scelte* de Voltaire que contiene los *Elementos de la Filosofía de Newton* que es quizá la obra de divulgación de las teorías del sabio inglés más conocida del siglo xviii. No sería difícil que el oratoriano conociera esta obra. (cf. Monelisa Lina Pérez Marchand, *Dos etapas ideológicas del siglo* xviii *en México*, El Colegio de México, México, 1945, *Apéndice*, pp. 226-227).

[31] Los autores de la parte *filosófica* de los *Elementa* ya han sido estudiados por Victoria Junco en su obra antes citada (pp. 157-173).

128

te, teólogos y eruditos: San Basilio, San Ambrosio, Lactancio, San Bernardo, Santo Tomás, Descartes, Calmet, Magalotti, Genovesi, Lami, Nicolai, de la Torre, Adami, Leibnitz, Wolff, Argens, Lyonett, Ditton, Sherlook, Cuenz y Maupertuis.

La sola enumeración de estos autores nos pone de manifiesto la profunda erudición científica de nuestro filipense quien, al decir de José Miranda, representa, por el respetable cúmulo de conocimientos que poseía, el primer eslabón de la cadena de enciclopedistas científicos que florecerían en México en los últimos dos decenios del siglo xviii.

VII. ANTONIO DE LEÓN Y GAMA, ASTRÓNOMO NOVOHISPANO *

El problema de las longitudes geográficas y la Nueva España

En el año de 1793 José Antonio Alzate se lamentaba de que pese al cúmulo de observaciones astronómicas y a "los desvelos de los geógrafos más exactos", todavía no era posible fijar correcta y matemáticamente en las cartas geográficas de la Nueva España las diversas posiciones que ocupaban las poblaciones del extenso virreinato.[1] Y no le faltaba cierta razón al sabio presbítero. De hecho, desde los primeros años de la colonia, había resultado un problema bastante difícil el poder fijar las posiciones geográficas de algunas de las principales ciudades tales como México, Puebla o Veracruz. Sobre todo, el cálculo de la longitud resultaba enormemente complicado y los errores que existían en la fijación de esta coordenada eran particularmente perniciosos para los viajes de navegación de altura, ya fuera comercial o de exploración, puesto que se pensaba que el continente americano estaba más al occidente de lo que en realidad está. Los mapamundis

* *Humanidades*, iii, Anuario 1975, Universidad Iberoamericana, 1975, pp. 201-266.

[1] José Antonio Alzate, *Gacetas de Literatura de México*, Oficina del Hospital de San Pedro, Puebla, 1831, t. III, p. 59.

130

más precisos del siglo XVI, el de Gerard Mercator [2] y el de Abraham Ortelius [3] ya colocaban al Nuevo Mundo varios grados más al occidente. En las sucesivas ediciones de estos atlas el error en las longitudes permaneció prácticamente sin cambio.[4]

De hecho la mayoría de los cosmógrafos y astrónomos europeos de los siglos XVI y XVII abordaron, con poco éxito por lo general, el "magno problema" que representaba la fijación correcta de las longitudes de los principales puntos de América,[5] aunque cabe decir que sus métodos no carecían en ciertos casos de preci-

[2] Gerard Mercator, *Atlas sive Cosmographicae Meditationes de Fabrica Mundi et Fabricati figura*, Duisburgi Clivorum, 1595, Pars Altera, Mapas A y E.

[3] Abraham Ortelius, *Theatrum Orbis Terrarum*, Antwerp, 1570, Mapas I y II.

[4] Puede verse también el mapamundi de Rumold Mercator (1587) o el de Ferdinand Verbiest (1674) que aparecen reproducidos en: Leo Bagrow, *History of Cartography*, C. A. Watts and Co. Ltd., Londres, 1964, láms. XCV y CVI. Aun el mapa de J. G. Doppelmayr, impreso en Nuremberg en 1733 y que se apoyaba, según su autor, en observaciones astronómicas precisas, adolece de la misma imprecisión en las longitudes geográficas que le asigna a América. De hecho el error parte de los primeros mapamundis que incorporaron al Nuevo Mundo: el de Juan de la Cosa (1500), el de Giovanni Contarini (1506), los de Waldseemüller (1507 y 1516), el de Diego Ribeiro (1527) y el de Pedro Apiano (1530).

[5] El problema también existía para la determinación de la longitud en Europa. Recuérdese que aun científicos de la talla de Galileo fracasaron en sus tentativas de lograr una determinación exacta. En 1603 el rey Enrique IV propuso un premio para quien lograra determinar la longitud por un método práctico aun en alta mar. Felipe III ofreció cien mil escudos en 1604 y los Estados Holandeses ofrecían cien mil florines en 1606 al que resolviera el mismo problema. Hasta 1714 seguían concediéndose premios sin que hubiera resultados adecuados.

sión.[6] Se intentaba medir el mismo fenómeno celeste (un eclipse) con una cronometría adecuada y en dos puntos distintos del globo, o bien se estudiaba el movimiento de la Luna fijando sus diversas posiciones o coordenadas en unas *Efemérides* que pudiesen ser utilizadas aun en alta mar. El descubrimiento hecho por Galileo en 1610 de los tres primeros satélites de Júpiter había permitido estudiar sus eclipses y fijar con relativa precisión algunas longitudes de ciudades europeas.[7] Con la invención del cronómetro pudo ser empleado el método denominado del "transporte del tiempo", que consistía en llevar un reloj portátil de un lugar a otro, determinando la diferencia de horas que existía entre la hora local y la marcada por el cronómetro. Este último método había sido propuesto desde el siglo XVI por Alonso de Santa Cruz y por Gemma Frisius. Un último método era el de determinar las distancias de la Luna a ciertos planetas, lo que permitía elaborar tablas que fueron muy utilizadas en el siglo XVI pero que cayeron en desuso dada su inexactitud.

Pero, pese a estos métodos y al increíble avance que representó la invención del telescopio,[8] los errores geo-

---

[6] Desde el siglo II a. C. se conocían los principios básicos de la determinación de la longitud. Hiparco intentó determinarla por la diferencia en las horas locales en la observación de un fenómeno celeste, principalmente un eclipse.

[7] No fue sino hasta 1667 con Jean Cassini (1625-1712) que se lograron resultados prácticos aun en la determinación de la longitud en alta mar.

[8] El telescopio tuvo en un principio poca utilidad en los métodos para medir un eclipse pero, al perfeccionarse, se vio que podían aumentar notablemente los instantes de observación, limitados hasta entonces al principio y final del fenómeno. Pu-

gráficos existían debido sobre todo a la imperfección del instrumental utilizado, a la dificultad que existía para hacer grandes viajes a algunas regiones del Nuevo Mundo además de que éstos eran rara vez realizados por astrónomos capacitados, a la inexactitud de las tablas y efemérides que se utilizaban, o bien a que los geógrafos no se ponían de acuerdo respecto del meridiano del cual hacer partir las longitudes.[9]

La inexactitud y variedad en los cálculos aparecieron en multitud de obras de los siglos XVI y XVII que intentaban fijar con el mínimo de error la posición geográfica de los principales puntos de la gran porción de América conocida de entonces, desde los tratados de geografía propiamente dichos hasta las crónicas historiales pasando por los relatos de viajes y los documentos de carácter administrativo. Por otra parte, conviene mencionar que dichos cálculos astronómicos para determinar las diferentes longitudes no fueron monopolios de los geógrafos y astrónomos europeos; las Américas hispana y lusitana de los siglos XVI al XVIII tienen en su haber una selecta nómina de científicos preocupados como sus colegas europeos en determinar la posición geográfica correcta del territorio que habitaban. Su preocupación era no sólo de índole utilitaria (pues con una cartografía correcta podían resultar más provechosas las operaciones comerciales transoceánicas

dieron observarse los momentos en que la sombra alcanzaba o abandonaba algún punto determinado de nuestro satélite. Gracias a Ricciolo y a Hevelio fue posible mejorar este método hacia mediados del siglo XVII.

[9] Guillaume Blaeu, *Institution Astronomique de l'usage des globes et spheres celestes et terrestres*, chez Jean et Corneille Blaeu, Amsterdam, 1652, pp. 12-14.

sea con Europa sea con Asia u Oceanía), sino que también los animaban propósitos desinteresados y puramente científicos.

En el caso concreto de la Nueva España, desde el siglo XVI existieron empeñosas tentativas de fijar la longitud de la capital del virreinato. En una carta que el virrey don Antonio de Mendoza le envió al cronista Fernández de Oviedo de fecha 6 de octubre de 1541, le indicaba que había logrado, por medio de la observación de dos eclipses de luna, determinar la longitud de la ciudad de México con respecto al meridiano de Toledo. El resultado obtenido era bastante impreciso pues fijaba la longitud en 8 horas 2 minutos 34 segundos. A pesar de ello resulta sugestiva la solicitud que le hacía el virrey al cronista de la hora en que el eclipse empezó en Toledo para poder así redondear sus cálculos.[10]

El famoso eclipse de luna del 23 de septiembre de 1577 fue punto de partida para muchos de los cálculos efectuados en Europa y en América en lo que restaba del siglo XVI y en prácticamente todo el XVII. Varias de las tablas que originó este evento celeste aún eran utilizadas en el siglo XVIII para determinar la longitud de la ciudad de México. A principios del siglo XVII, de una serie de observaciones de varios eclipses, Henrico Martínez fijó la posición en 6 horas 56 minutos 18 segundos que resulta demasiado desplazada al occidente;[11] y

<hr>

[10] Manuel Orozco y Berra, *Apuntes para la Historia de la Geografía en México*, Imprenta de Francisco Díaz de León, México, 1881, pp. 150-151.

[11] Henrico Martínez, *Reportorio de los tiempos e historia natural de Nueva España*, Secretaría de Educación Pública, México, 1948, pp. 99-104.

134

en 1618 Diego de Cisneros la determinó en 5 horas 37 minutos que guarda, con respecto a la anterior, la enorme diferencia de 1 hora 19 minutos 18 segundos.[12] En 1638 el mercedario fray Diego de Rodríguez y Gabriel López de Bonilla calcularon, apoyados en un eclipse de luna, la longitud del valle de México obteniendo la asombrosamente precisa determinación de 6 horas 45 minutos 50 segundos que sólo dista de la realidad la pequeñísima cantidad de ocho décimas de segundo. Cabe mencionar, en legítimo reconocimiento de la calidad científica de ambos astrónomos, que su determinación no sería superada en exactitud hasta la segunda mitad del siglo xix. A fines del siglo xvii don Carlos de Sigüenza y Góngora realizó varias observaciones astronómicas que le permitieron calcular la longitud del valle de México al que fijó la posición en 6 horas 48 minutos 5 segundos, ligeramente más imprecisa que la del padre Rodríguez.[13] Cuando se recorren las pági-

[12] Diego de Cisneros, *Sitio, naturaleza y propiedades de la ciudad de México. Aguas y vientos a que está sujeta y tiempos del año. Necesidad de su conocimiento para el exercicio de la Medicina su incertidumbre y difficultad sin el de la Astrología assi para la curación como para los prognosticos.* [México], 1618, ff. 85v-89v.

[13] Carlos de Sigüenza y Góngora, *Libra Astronómica y Filosófica*, unam, México, 1959, p. 181. Puede verse también: Elías Trabulse, "Un científico mexicano del siglo xvii, fray Diego Rodríguez y su obra", *Historia Mexicana*, xxiv, 1 (jul.-sept., 1974), pp. 36-69. Un claro ejemplo del método utilizado en la observación de un eclipse de sol en el siglo xvii nos la dejó reseñada Sigüenza en su famosa *Relación* dirigida al almirante don Andrés de Pez. Ahí don Carlos nos describe sus observaciones del eclipse de sol del jueves 23 de agosto de 1691, calificado por él como "uno de los mayores que ha bistto el Mundo", y que tanto pánico causó en la población de México. (*Vid.* Carlos

nas de los tratados de astronomía y cosmografía europeos del siglo xviii nos llama grandemente la atención el profundo desconocimiento que existía —y acaso existe— en el Viejo Mundo respecto a los logros de los hombres de ciencia novohispanos que vivieron en dicho siglo y en los dos anteriores. La ignorancia en que estaban los europeos acerca de lo americano ha sido objeto de largos, valiosos y eruditos estudios; aquí únicamente nos concretamos a enfocar ciertos aspectos científicos.

Las observaciones del padre Rodríguez y de Sigüenza y Góngora pasaron prácticamente inadvertidas de los estudiosos del otro lado del Atlántico que seguían utilizando sus propios datos y cálculos astronómicos por errados que estuviesen sin hacer caso y, según todos los indicios sin interesarse en lo observado y calculado en estos parajes que acaso supusieran habitados por entes emplumados. Y de este estado de cosas, buena mezcla de petulancia y suficiencia científica, no escaparon ni las relaciones de viajes que copiaban o glosaban las narraciones de viajeros que nos habían visitado.[14] Astrónomos como del l'Isle, de la Hire y Jacques Cassini fijaron en la primera mitad del siglo xviii la posición del valle de México con notables diferencias respecto de la verdadera[15] y con un absoluto desconocimiento de las mediciones practicadas en la Nueva España en esos años tales como las de Pedro de Ribera (1724),

de Sigüenza y Góngora, *Alboroto y Motín de México del 8 de junio de 1692*. Edición anotada por Irving A. Leonard, México, 1932, pp. 43-44.)

[14] [A. F. Prévost (abbé)], *Histoire Générale des Voyages*, chez Pierre de Hondt, A la Haye, 1758, t. XVI, p. 402.

[15] Orozco y Berra, *op. cit.*, pp. 312-313.

las de José de Rivera Bernárdez (1732) y las de José Antonio de Villaseñor y Sánchez (1746).[16] Además entre 1727 y 1756 fueron publicadas cuando menos cuatro observaciones y cálculos de eclipses que hubiesen podido corregir los datos que se tenían hasta entonces.[17]

El 12 de diciembre de 1769 ocurrió un eclipse de luna que fue acuciosamente observado por José Antonio Alzate y que dio origen a un pequeño folleto donde se pormenorizaba el fenómeno.[18] Es un interesante documento para la historia de las ciencias en México. En la "Dedicatoria" al rey, Alzate mostraba su interés por

[16] *Ibid.*, pp. 313-323.

[17] Estos cuatro breves folletos que hemos podido localizar proporcionan ciertos datos sobre la longitud, la cronometría y el método de observación. Ellos son: Juan Antonio de Mendoza y González, *Spherografía de la obscuración de la Tierra en el eclypse de sol de 22 de marzo de 1727. Método de observarle y de corregir los reloxes*, Joseph Bernardo de Hogal, México, 1727 (6 ff., 1 mapa); Narciso Macorp Hecafoc (anagrama de Francisco Pacheco Mora) *Carta escrita a una señora sobre el eclypse futuro del día 13 de mayo de este presente año de 1752 y sobre la carta impresa que escribió el Br. D. Joseph Mariano Medina*, Viuda de Joseph Bernardo de Hogal, México, 1752 (4 pp.); Miguel Francisco Ilarregui, *Piscator Poblano. Explicación de un eclypse de Sol que se verá el día 12 de marzo de este presente año de 1755, con el modo de observar.* Viuda de Joseph Bernardo de Hogal, México 1755. (4 pp.); José Antonio García de la Vega, *El Piscator de la Nueva España. Explicación del eclypse de Sol que ha de verse el día 25 de agosto de 1756, y sus efectos.* México, s.p.i., 1756 (2 ff.).

[18] José Antonio Alzate, *Eclypse de Luna del doce de diciembre de mil setecientos sesenta y nueve años observado en la imperial ciudad de México y dedicada al rey nuestro señor*, Impreso en México por el Lic. D. Joseph Jáuregui, calle de San Bernardo, 1770.

que fuera estimulado el estudio de la astronomía en la Nueva España amparado bajo el real auspicio. Al final de su opúsculo añadía el siguiente comentario:

Con el entusiasmo que caracterizaba todas sus producciones científicas, acaso no igualmente precisas y exactas, Alzate nos dejó reseñado su *modus operandi* en la observación del fenómeno. Desde ocho días antes del evento reguló un péndulo real construido por el inglés Juan Ebsivorth que, según Alzate, era "de fábrica tan excelente que en veinte y cuatro horas, no se adelantaba más de doce segundos..."; empleó además un termómetro, un telescopio de refracción y un mapa lunar. La observación no fue del todo satisfactoria ya que nuestro entusiasta astrónomo tuvo problemas con la interferencia de nubes. De la calidad de la observación nos da cuenta Alzate mismo al final de su trabajo:

---

[19] *Ibid.*, p. 15.

138

astrónomos de Europa, proveídos de buenos instrumentos; y así en las suyas se ven las declinaciones de los planetas, sus diámetros, su pasaje por el meridiano, determinadas las cantidades, o dígitos de los eclipses con excelentes micrómetros; pero esos instrumentos los poseemos con el deseo; pues acá, ni los traen de venta, ni se pueden fabricar, porque necesitan maestros muy ejercitados, los que después de todo,. para uno bueno que construyen, les salen muchos errados.

Y ciertamente la carencia de instrumental adecuado fue un mal crónico que perduró toda la época colonial. Nuestros astrónomos, aun los más destacados, como fray Diego Ròdríguez, Sigüenza y Góngora o Velázquez de León hubieron de padecer la ausencia de aparatos precisos, lo que los obligaba a construírselos ellos mismos. La exactitud en sus observaciones y mediciones lograda utilizando esos aparatos, que debían adolecer de graves limitaciones, es una prueba más de su indiscutible pericia y agudeza científicas.

Los resultados obtenidos por Alzate en la observación del eclipse de 1769 permitieron fijar la longitud de México en 6 horas 45 minutos 9 segundos, aunque en los años posteriores y a partir de nuevos datos que obtuvo, se inclinó a cambiar algunas veces sus resultados; así por ejemplo, para 1786 había colocado el valle de México en las 6 horas 42 minutos 0 segundos al occidente de París, que resulta bastante más inexacto que el resultado de 1769.

El estudio de Alzate del eclipse de luna de 1769 corrió con suerte peculiar ya que fue llevado a Francia por uno de los miembros de la expedición que ese mismo año de 69 había venido a México para observar en California el paso de Venus por el disco del sol. El autor de la memoria de ese viaje científico fue el destacado astrónomo Cassini de Thury (1714-1784), miembro de la tercera generación de astrónomos del mismo apellido que líneas arriba mencionábamos. Cassini recibió los materiales y datos obtenidos por el desaparecido jefe de la expedición Jean Chappe d'Auteroche y elaboró las tablas estadísticas y la interpretación matemática y astronómica del fenómeno; [20] además de que se permitió incluir las observaciones de Alzate del eclipse del 12 de diciembre de ese mismo año. En esa memoria Cassini nos da una serie de interesantes noticias respecto del tratadito de Alzate:

> M. Chappe no hizo ninguna observación en la ciudad de México; [21] pero Don J. de Alzate nos ha enviado por el conducto de M. Pauly varias observaciones de eclipses de los satélites de Júpiter, que él mismo ha realizado en esa ciudad, así como un pequeño impreso que contiene los detalles del eclipse de luna que ha tenido lugar el 12 de diciembre de 1769. [22]

Y añade un comentario que aumenta el valor del opúsculo de Alzate: "No he podido conseguir ninguna observación en Europa similar a ésta; la he reseñado

[20] Jean Chappe d'Auteroche, *Voyage en Californie pour l'observation du passage de Vénus sur le disque du soleil, le 3 de juin .1769. Contenant les observations de ce phénomene et la description historique de la route de l'Auteur à travers le Mexique, redigé et publié par M. de Cassini,* chez Charles-Antoine Jombert, París, 1772. Existe una edición inglesa del año siguiente que posee algunas variantes interesantes en relación a la francesa.

[21] Recuérdese que *México* en francés hace referencia a la capital, *Mexique* al país.

[22] Chappe d'Auteroche, *op. cit.,* p. 104.

140

aquí con un gran detalle a fin de que aquellos que tengan mejor ventura puedan realizar una comparación más exacta".[23]

El *Voyage en Californie* es una bella memoria científica del siglo XVIII. El astrónomo Lalande afirmaba que las observaciones que contenía habían permitido fijar la longitud de varios puntos del planeta;[24] y ciertamente el paso de Venus por el disco del sol del 3 de junio, o sea poco más de seis meses antes del eclipse que antes mencionábamos, favoreció que los astrónomos europeos se percataran del error en la longitud geográfica que existía respecto de la Nueva España. Cassini mismo era el primero en admirarse de que ese error haya podido perdurar tanto tiempo; así después de realizar el cálculo de la longitud decía:

Según las nuevas determinaciones que acabamos de verificar, se ve que la América y la California deben ser acercadas a Europa alrededor de cuatro grados de longitud. Un error tan grande, ¡cuán perjudicial no pudo haber sido a los navegantes! Ha sido seguramente funesto para más de un navío, y los demás no habrían debido su salvación más que a los errores particulares de sus propias estimaciones que habrían compensado aquéllas de los mapas.[25]

Ahora bien, si los cálculos de Cassini apoyados en los de Alzate y en los de Chappe no arrojaban un re-

---

[23] *Ibid.*. p. 105. Es interesante observar que Alzate creía que el eclipse sí había sido observado en Europa. *Cf.* J. A. Alzate, *Eclypse de luna del 12 de diciembre de 1769.* [p. 11, nota.]

[24] Joseph-Jerôme, de Lalande, *Abregé d'Astronomie*, chez les Libraires Associés, París, 1775, p. 323.

[25] Chappe d'Auteroche, *op. cit.*, p. 106.

sultado muy preciso, al menos tuvieron el mérito de llamar la atención en Europa respecto del error que existía en los cálculos hasta entonces efectuados. No deja de ser ligeramente injusta la apreciación de Humboldt respecto de los logros de esa expedición cuando afirma que no aportó nada al conocimiento de la posición de la ciudad de México ya que Chappe sólo estuvo cuatro días en la capital y, como ya vimos, aquí no realizó observaciones astronómicas y las que Alzate le comunicó "no eran —dice Humboldt— las que convenían para resolver el problema de que se trata".[26] De hecho y como antes señalábamos, los resultados del eclipse de 1769, le permitieron a Cassini fijar la posición en 6 horas 45 minutos 9 segundos que tiene una diferencia de 40, 2 segundos con respecto a la obtenida a mediados del siglo xix.

Acaso ese primer dato de Alzate haya sido el más exacto que logró[27] y lo que irritaría a Humboldt no sería tanto la "imprecisión" de ese primer cálculo sino la variedad de resultados que Alzate obtenía, lo que ciertamente no era un indicio de que hubiese efectuado sus observaciones con rigor y acuciosidad.

[26] Alejandro de Humboldt, *Ensayo político sobre el reino de la Nueva España*, 6ª ed., Editorial Pedro Robredo, México, 1941, t. I, pp. 161-162. Humboldt dice de Alzate que "trabaja con más celo que exactitud; abarcaba demasiados objetos a la vez y sus conocimientos eran muy inferiores a los de Velázquez y Gama, dos mexicanos cuyos mérito no se ha conocido suficientemente en Europa". A continuación da una breve reseña de los diversos cálculos de Alzate y de los realizados por otros apoyándose en sus datos. Menciona *seis* resultados distintos que tienen diferencias de hasta 2 grados entre sí.

[27] En 1772 obtuvo 6h.46'30" que es ligeramente mayor.

Por esos mismos años, y aun antes de que Alzate realizara sus observaciones, un riguroso astrónomo mexicano, Joaquín Velázquez de León, practicaba mediciones astronómicas todas ellas marcadas con el sello de la precisión. Según propia confesión, desde 1755 había observado algunos eclipses. Al efecto nos proporciona una serie de valiosas noticias:

Desde el año de 1755 comencé a observar algunos eclipses, y hallando siempre enormes diferencias entre el cálculo y la observación, las atribuí al principio, como debía, a mi poca experiencia en lo uno y en lo otro; pero habiendo puesto el mayor cuidado y esmero así en calcular los eclipses (lo que hacía entonces por las tablas de Mr. Cassini, que han sido de la mayor estimación en Europa y las mejores que habían llegado a México), como en observarlos, sirviéndome para ello de un anteojo romano muy bueno de diez varas de distancia de fondo, y de un péndulo de segundos, arreglado por las estrellas fijas; con todas estas diligencias me resultaba, muchas veces consecutivas, el error de veintidós minutos poco más o menos, y no debiendo atribuirlo todo a las tablas, me persuadía a que la mayor parte debía imputarse al meridiano de México mal establecido, porque usaba entonces de la longitud determinada por el mismo Mr. Cassini y demás autores de Europa. En 1759 determiné usar de un meridiano más occidental que el del P. Rodríguez y más oriental que el de D. Carlos de Sigüenza, esto es, de un medio entre los dos, determinando la diferencia en tiempo de México a París, de seis horas y cuarenta y siete minutos, y desde entonces empecé a lograr acordes los cálculos y las observaciones, con aquellas diferencias que pueden y deben tolerarse; y si los argumentos a *posteriori* pudiesen ser demostrativos, hubiera creído desde entonces que había dado en el chiste de la verdadera longitud de México; pero no era prudencia dar por cierto lo que sólo había hallado por conjeturas, capaces sólo de inducir una especie de probabilidad: usé para mí solo de esta pequeña industria, esperando mejores pruebas y hablando entre tanto en este asunto siempre con suma desconfianza.[28]

Sabemos además que Velázquez de León observó el eclipse de luna del 7 de mayo de 1762. De la dificultad de observar y calcular ese tipo de fenómenos celestes nos ha dejado otro testimonio este destacado astrónomo:

> ...en cuanto a los eclipses de luna, raras veces acontecen observables aquí y en Europa, y se pasan años sin que lleguen a México los libros donde se halla la correspondencia. Las famosas tablas de Tobías Mayer de que se debe tener una gran desconfianza, no se conocieron aquí hasta el año de 68, y en fin, a todo esto debe añadirse que la atmósfera de esta ciudad es ciertamente de las más turbulentas, y así se imposibilitan, o se malogran en la mayor parte las observaciones.[29]

Como resultado de sus observaciones y cálculos Velázquez de León colocó en 1762 el valle de México en 6 horas 47 minutos 2 segundos.

Por último cabe mencionar que en el año de 1803, el barón Alejandro de Humboldt, sabio viajero que a la

---

[28] Joaquín Velázquez de León, *Observaciones para averiguar la longitud del valle de México*, AGNM, *Historia*, vol. 558, ff. 74v-75v.

[29] *Ibid.*, f. 75v.

sazón nos visitaba y que nos legó un inapreciable testimonio en su *Ensayo político sobre el Reino de la Nueva España,* calculó la longitud de la ciudad de México. Sus mediciones arrojaron los resultados de 6 horas 45 minutos 42 segundos al occidente de París.[30] Los métodos usados por el científico alemán fueron el de observar los eclipses de los satélites de Júpiter, el de las distancias de la luna al sol, el del transporte del tiempo desde Acapulco y el de una operación trigonométrica realizada con objeto de calcular la diferencia de los meridianos entre México y Veracruz.[31] Cabe mencionar que, a pesar de la precisión de sus mediciones y de la variedad de métodos empleados, los resultados de Humboldt no alcanzaron la exactitud de los datos establecidos por fray Diego Rodríguez en el siglo XVII y a los que ya aludimos líneas arriba. Por otra parte, en las reflexiones que Humboldt le consagra al padre Rodríguez es notorio que lo trata con un injustificado desdén, y decimos "injustificado" ya que ahora sabemos que las determinaciones astronómicas del padre fueron más exactas que las del barón realizadas con siglo y medio de diferencia.[32] Sin embargo, preciso es reconocer que Humboldt no fue igualmente acre en sus censuras con todos los astrónomos mexicanos. Ciertamente con Alzate lo fue, no así con Velázquez de León o con León y Gama. De estos dos últimos nos dejó todavía otra apreciación que es pertinente transcribir aquí:

[30] Humboldt, *op. cit.,* p. 156.
[31] *Ibid.,* cf. también pp. 145, 146 y 150.
[32] *Ibid.,* pp. 159-160. Véase también la alusión a Sigüenza y Góngora.

...antes de que hubiese hecho mis observaciones en México, ya se había conocido la verdadera longitud con bastante exactitud por tres astrónomos,[33] cuyos trabajos merecen ser sacados del olvido, y de los cuales dos son hijos del mismo México. Los señores Velázquez y Gama habían deducido ya, en el año 1778, de sus observaciones de satélites, la longitud de 101°30'; pero no teniendo observaciones correspondientes, y no calculando sino con arreglo a las antiguas tablas de Wargentin, quedaron dudosas (como lo aseguran ellos mismos) en casi un cuarto de grado. Este curioso resultado se anunció en un folleto impreso en México, poco conocido en Europa.[34]

A efecto de contribuir a "sacar del olvido" este pequeño opúsculo de León y Gama, "poco conocido en Europa" y acaso también desconocido en su lugar de origen, es que van pergeñadas estas breves notas.

Don Antonio de León y Gama y su "Descripción Orthographica Universal"

En una carta del 6 de mayo de 1773 el célebre astrónomo francés Joseph-Jerôme de Lalande le decía a Antonio León y Gama: "Veo con placer, que tiene México en vos un sabio astrónomo. Este es para mí un

[33] El tercero a quien hace referencia es el español Dionisio Alcalá Galiano.

[34] *Ibid.*, pp. 157-158. Véase también Charles Minguet, *Alexandre de Humboldt, historien et géographe de l'Amérique Espagnole* (1799-1804), François Maspero, París, 1969, pp. 275-276.

146

precioso descubrimiento, y me será la vuestra una correspondencia que cultivaré con ardor".[35]

Y ciertamente no podemos calificar de injustificado el elogio de Lalande ya que León y Gama fue sin duda uno de los más valiosos hombres de ciencia de nuestro periodo ilustrado. Su labor fue múltiple y variada ya que dedicó muchas horas de estudio a la astronomía, a la cronología, a la historia, a la arqueología y a la medicina.[36] Polígrafo incansable, autodidacta, enciclopedista, es uno de los más representativos miembros de nuestro siglo XVIII científico y a quien acaso no se le haya otorgado debido reconocimiento por sus aportaciones en los diversos campos en los que incursionó con indudable acierto. Uno de sus primeros biógrafos y además editor de sus obras, el incansable don Carlos María de Bustamante, nos dice que sus estudios los realizó por sí mismo, "sin la viva voz del maestro". Así, abordó sin más ayuda que su propia iniciativa, el estudio de obras astronómicas y matemáticas tan abstrusas como las de Newton, Lacaille, o del mismo Lalande entre muchas otras, a las que dedicó no poco tiempo. A este respecto añade el mencionado Bustamante:

> . . .no conocía otra diversión ni otro consuelo que el de sus libros, y de tal manera se apasionó de las cien-

[35] Citada por Manuel Antonio Valdés, "Elogio histórico de don Antonio de León y Gama", *Gazeta de México*, México, v. XI, del 8 de octubre de 1802, núm. 20, p. 160. Hemos reproducido íntegro este valioso *Elogio* biográfico como *Apéndice* al presente estudio.

[36] Acerca de las obras de nuestro autor puede verse: Roberto Moreno, "Ensayo bio-bibliográfico de Antonio de León y Gama", *Boletín del Instituto de Investigaciones bibliográficas*, México, enero-junio de 1970, núm. 3, pp. 117-129.

cias abstractas, que nada le parecía más bello, especialmente en la astronomía, la cual hizo siempre sus delicias. De ésta dio el primer ensayo de ingenio todavía joven, en los calendarios de dos años que compuso, llenos de observaciones astronómicas, acerca de los movimientos de los planetas y de otros fenómenos de nuestro sistema solar.[37]

Su mérito fue reconocido por los virreyes Manuel Antonio Flores y por el segundo conde de Revillagigedo, así como por el capitán Alejandro Malaspina y por Velázquez de León; pero cabe mencionar que este reconocimiento a sus méritos no se tradujo en una mejora en su situación económica, social o profesional.

Su biblioteca estaba bien abastecida ya que contenía buen número de las obras más representativas de la literatura científica de entonces. De hecho, es posible ahora pensar que nuestros científicos de los siglos xvii y xviii, pudieron tener acceso y disponer de buen número de las más recientes obras científicas que por entonces se imprimían. La multiplicidad de fuentes que reflejan los trabajos de un Sigüenza, de un Alzate o del propio León y Gama no evidencian más que la existencia de ricos acervos bibliográficos.[38]

[37] Carlos María de Bustamante, "Biografía de don Antonio Gama" en: Antonio de León y Gama, *Descripción histórica y cronológica de las dos piedras*. México, imprenta del ciudadano Alejandro Valdés, 1832, p. V. Esta biografía de Bustamante es la misma que precede a la edición italiana de *Descripción histórica, etc.* y que fue debida al jesuita Pedro José Márquez.

[38] Si la sección *científica* de la biblioteca de León y Gama debió contener una selecta colección de obras, la porción *histórica* fue inmensamente más rica ya que contenía parte de los manuscritos, libros y documentos que pertenecieron a Boturini y a Veytia. De Gama, esta rica colección pasó al padre José

Nuestro hombre de ciencia fue autor de varios estudios astronómicos aparte de los calendarios que ya mencionábamos. Hacia 1771 redactó un trabajo sobre el *Eclipse de sol* del 6 de noviembre de ese año, mismo que envió a Lalande y que originó el elogio del astrónomo francés a que hicimos alusión líneas arriba. En 1784 elaboró unas *Observaciones del cometa* que apareció en nuestro cielo en ese año.

Ambos estudios, así como algunos otros almanaques, calendarios o efemérides, han permanecido lamentablemente inéditos.[39] De los escritos astronómicos que logró llevar a las prensas impresoras ocupa un lugar primordial la *Descripción Orthographica Universal del eclipse de sol del día 24 de junio de 1778.*

Esta obra es un estudio rigùroso y preciso del fenómeno celeste ïndicado en su título. Ahora bien, aunque no se trata del primer estudio de su especie *impreso* en México, según se ha llegado a afirmar [40] sí es, desde

Antonio Pichardo. Buena parte de esta biblioteca y de los MSS de León y Gama salieron de México en la primera mitad del siglo XIX.

[39] En el *Segundo Calendario Portátil de Ignacio Cumplido para el año de 1837, arreglado al meridiano de México* [México], impreso por el propietario, 1836, p. 20, va incluida una breve semblanza biográfica de León y Gama. Ahí se decía que escribió varias obras, que su labor fue reconocida en Europa y que algunos de sus calendarios aún gozaban de estimación. Se decía además que muchos de sus artículos "útiles o agradables" que publicó en la *Gaceta de México* "salieron trasladados en los [periódicos] de las naciones cultas de Europa". De esto último no tenemos noticia. No sabemos ni de qué artículos se trata ni en qué periódicos serían publicados. Nos parece difícil poder concederle crédito a esta noticia.

[40] Manuel Maldonado-Koerdell, "Observaciones astronómicas en México a fines del siglo XVIII", *Anuario del Observatorio*

149

el punto de vista matemático y astronómico, el más acucioso e impecable. Su aportación principal estriba, sobre todo, en el cálculo de la longitud de la ciudad de México que, como ya vimos, había provocado los desvelos de varios astrónomos y geógrafos desde el siglo XVI.[41] El valor científico de la obra es pues, indiscutible. Ya desde mediados del siglo XIX el astrónomo Francisco Díaz Covarrubias afirmaba, con razón, que las observaciones de León y Gama aparecidas en esta obra arrojaban resultados acerca de la posición de México superiores a los obtenidos por Humboldt veinticinco años después.[42] Cabe sin embargo señalar que las alusiones a este trabajo astronómico de León y Gama son periódicas y generalmente dispersas.[43]

La *Descripción Orthographica* fue dedicada a Joaquín Velázquez de León, amigo y colaborador de León y Gama, y quien además había costeado el libro. En

Astronómico Nacional para el año de 1970, Universidad Nacional Autónoma de México, Instituto de Astronomía, México, 1969, pp. 258-259. Es sin duda un buen estudio sobre tres "eventos celestes" de la segunda mitad del siglo XVIII: el paso de Venus por el disco del sol (1769); el eclipse de sol (1778) y la aurora boreal (1789).

[41] Vicente E. Manero, "Apuntes Históricos sobre Astronomía y Astrónomos", *Boletín de la Sociedad de Geografía y Estadística de la República Mexicana*, México, 3ª época, 1873, t. I, p. 553.

[42] Francisco Díaz Covarrubias, *Determinación de la posición geográfica de México*, M. Castro, México, 1859, p. V.

[43] Las referencias bibliográficas a esta son muy tempranas: Valdés, *op. cit.*, p. 162. Véase también: Nicolás León, *Bibliografía mexicana del siglo XVIII*. Imprenta de Francisco Díaz de León, México, 1902-1908, t. I, p. 820, José Toribio Medina, *La imprenta en México* (1539-1821), Santiago de Chile, 1911, t. VI, p. 270 (núm. 7003).

150

el "Parecer" debido a otro criollo ilustrado, José Ignacio Bartolache, se hace un interesante elogio del autor y de la obra a la que considera digna de aprecio "por lo fino, delicado y exquisito de su método calculatorio". Además también encomia el que se publique una obra de esta naturaleza en América cosa que, según Bartolache, resulta excepcional y sin precedentes. Quizá olvidó el opúsculo de Alzate sobre el eclipse de luna de 1769. También el *Dictamen* del Dr. José Uribe resulta muy elogioso.

El opúsculo de Gama no es de grandes dimensiones (10 + xxiv pp.) y está compuesto de dos secciones. La primera (pp. I a xvii), es la determinación del fenómeno *avant la lettre*; la segunda (pp. xviii a xxiv) es la observación propiamente dicha del eclipse antes calculado. Entre las páginas xviii y xix incluye un mapa del "Tránsito de la sombra y penumbra de la Luna sobre la superficie de la Tierra, en el eclipse del día 24 de junio de 1778".

El texto de la primera parte se inicia ponderando la necesidad de fijar con exactitud las longitudes y latitudes de los puntos de referencia escogidos, a efecto de trazar con precisión la zona de observación del eclipse desde su iniciación hasta su terminación. Menciona varios autores cuyas obras y tablas le fueron de alguna utilidad.[44] De las páginas v a la ix incluye 5

[44] Conviene mencionar que la obra que le sirvió de pauta para esta primera sección fue la del abate D. de Lacaille de quien toma buena parte de los conceptos y métodos de calcular. Véase de este autor: *Lectiones Elementales Astronomiae Geometricae et Physicae* (Viennae et Pragae, Joannis Thomae Trattner, 1757, pp. 252-278, cf.: principalmente la sección titulada *Methodus construendi schema universale phasium eclipseos solaris*).

tablas, a saber: "Tabla de las longitudes y latitudes de los lugares de la tierra donde se ve el eclipse", "Tabla de las mayores phases boreales", "Tabla de las mayores phases australes", "Tabla del medio del eclipse al nacer el Sol" y "Tabla del principio y fin del eclipse". Con estas determinaciones numéricas elaboró León y Gama el mencionado mapa, donde es tomado en consideración, para los cálculos, el achatamiento boreal del planeta. Las trayectorias están bien trazadas en las coordenadas calculadas y la descripción resulta bastante detallada desde el punto de vista geográfico.

La segunda parte pormenoriza las observaciones de León y Gama. Hace mención del instrumental utilizado, del lugar de la observación [45] y de su método de trabajo, así como de las personas que lo acompañaron en la observación: don Joseph Lebrón, don Joseph Antonio del Mazo, don Francisco de Torres Guerrero y don Joaquín Velázquez de León entre otros. Este último hizo la observación con un anteojo francés de 10 pies con micrómetro filar.[46] Los resultados obtenidos

[45] Según Maldonado-Koerdell (*loc. cit.*) el lugar de la observación estaba situado "en el antiguo barrio de Buena Vista, al O. del núcleo central de la ciudad de México, cuya distancia a la catedral metropolitana tal vez lo fijaría en la actual calle de Ponciano Arriaga o su inmediata cercanía".

[46] Una descripción completa de los dos telescopios utilizados, tanto el francés de Velázquez como el inglés (de Short) usado por Gama, puede verse en Maurice Daumas, *Les Instruments Scientifiques au xviie et xviiie siècles*. París, P. U. F., 1953, pp. 222-229. Velázquez también menciona ciertas observaciones astronómicas hechas en la primavera de 1771 en la casa de León y Gama situada en la calle del Relox. Ahí usó también un anteojo acromático de 10 pies, acaso el mismo que utilizó en la observación del eclipse de sol de 1778. (Velázquez de León, *loc. cit.*), cf.: Manuel Maldonado-Koerdell, "Algunos

152

por León y Gama y por su colega Velázquez de León tuvieron una pequeña variante entre sí, acaso debida a una diferente determinación del final del eclipse, ya que aquél obtuvo 8 horas 29 minutos 19 segundos y éste 8 horas 29 minutos 21 segundos. No obstante esto, los resultados alcanzados permitieron corregir los anteriores cálculos de Velázquez sobre la longitud del valle de México, la cual quedó establecida en los 278° 30' desde la Isla del Fierro, lo que arroja como resultado final 6 horas 45 minutos 49 segundos al occidente de París. La precisión de este dato es indudable.[47]

instrumentos científicos usados en México en el siglo XVIII", en *Memorias del primer coloquio mexicano de historia de la ciencia*, México, Sociedad Mexicana de Historia de la Ciencia y la Tecnología, 1964, t. II, pp. 93-99.

[47] Es interesante comparar los resultados obtenidos por León y Gama en·esta pequeña monografía y los expuestos por el mencionado Lalande en una de sus principales obras astronómicas. Asimismo resulta muy ilustrativo comparar los dos mapas, o sea el de Lalande y el de Gama, para comprobar la calidad científica de la obra del mexicano en muchos aspectos más exacta y precisa que la del célebre astrónomo francés. Véase: Joseph-Jerôme de Lalande, *Ephémérides des Mouvements Célestes pour le Méridien de Paris de 1775 á 1784*, Chez la Veuve Hérissant, París, 1774, p. 104 y mapa II.

Apéndice

Manuel Antonio Valdés: elogio histórico de
don Antonio de León y Gama *

El día 12 de septiembre del corriente año de 1802 perdió México en la persona de don Antonio de León y Gama uno de aquellos grandes genios para las ciencias que suelen hacer época en los anales de la literatura de un país cuando ciertas felices combinaciones acompañan la magnitud de los talentos. Estos fueron ciertamente singulares en don Antonio, y los cultivó con la más constante industria y laudabilísimo tesón hasta el último periodo de su cansada edad: pero anduvo la fortuna demasiadamente escasa en facilitarle proporciones para darse a conocer cuanto debía, en la República de las letras. No pretendemos curiosamente escudriñar, ni menos noticiar al público, por qué razón este mexicano sabio de primer orden vivió y murió en una oscuridad y olvido que tiene no poco de asombroso: deseamos únicamente hacer justicia al eminente mérito de un sabio modesto, que desde el fondo de su ignorado rincón en la Nueva España se adquirió los aplausos de la culta Europa, y mereció que pasara con gloria su nombre a la remota posteridad. Ved, mexicanos, no un perfecto retrato (que no aspira a tanto

* *Gaceta de México*, vol. XI, 8 de octubre de 1802, núm. 20, pp. 158-164.

mi débil pluma) sí solamente un bosquejo informe de un hombre grande, que nació, se crió y floreció entre vosotros: conoced, aunque tarde, por fieles noticias al insigne literato, que sin apreciarlo poseísteis por espacio de 67 años: pagad al menos a la buena memoria de tan benemérito compatriota el tributo de una tarda y estéril admiración.

Nació don Antonio en México el año de 1735 con el desastroso augurio de haber su nacimiento acarreado un triste luto a la honrada familia, muriendo del parto la madre, que actualmente padecía el contagio de las viruelas, y lo comunicó al fruto de su vientre, que dio a luz al morir. Con efusión de amargura solía don Antonio calcular este suceso, como el primer paso de la triste Iliada de sus desgracias. Pero le compensó la naturaleza esta fatalidad con haberlo hecho hijo de un padre cuyos talentos reconocieron y ensalzaron los teojuristas sus coetáneos, y cuyo nombre quedó famoso en su célebre manuscrito de *Contratos*, obra pequeña por su volumen, pero de primera importancia por su excelente doctrina. Ojalá los remanentes de esta sangre generosa aspiren a perpetuar en su familia la gloria de sabiduría, que les dejó tan asentada el abuelo, y con tantas ventajas aumentó el ahora difunto padre, de quien tratamos. Entró éste en la carrera de las letras con las mejores disposiciones, y corrió con lucimiento los estudios de gramática, jurisprudencia, y de aquella filosofía, que acaso con poco fundamento llamaron aristotélica. No eran aquellas vanas especulaciones las destinadas por el Altísimo para ocupar el gran genio de don Antonio Gama. Libre apenas de los vínculos debidos a la menor edad, se halló su alma ya dispuesta y bien robusta para correr a su arbitrio por las anchurosas llanuras de la utilísima ciencia de las matemáticas, a que con dulces atractivos lo arrastraba desde muy temprano su inclinación. Alma grande (como solemos explicarnos por falta de más propia expresión), y nacida para empresas útiles a beneficio de sus semejantes, amaba sinceramente la exactitud en las ciencias; y creyó con razón poder extenderse por los espaciosos dominios de la verdad, mientras no soltara de la mano el venturoso hilo de los principios matemáticos. ¡Qué dificultades tuvo que vencer en aquellos primeros pasos! ¡Qué montañas escabrosas que subir! ¡Qué precipicios que evitar! ¡Qué monstruos se le atravesaban en el camino de la verdad! ¡Qué oscuridad le cerraban las puertas de la luz! Pero el alma de Gama era grande, noble, constante, intrépido, cuando se trataba de aumentar el tesoro de sus conocimientos. Como roca en mar borrascoso, que permanecen con inmoble majestad, a pesar de las airadas olas que por todas partes la golpean; así este amante de la verdad la buscaba con brioso denuedo, sin amedrentarse ni dar oídos al bullicio de dificultades que, a cada paso se le presentaban. Sólo, sin guía de viva voz, con su tosca en la mano, tuvo valor de penetrar por el oscuro caos de los elementos geométricos, árido país y desabrido, cuando aún no se gusta la conexión de la seca especulativa con la ventajosísima práctica.

Vencidas las primeras dificultades, y a fuerza de obstinadas luchas, roto aquel denso velo que le ocultaba las hermosas resultas de sus afanes y tareas, le sobrevino el deseado golpe de luz, y entró ya con desembarazo a pasearse por el amenísimo país de la verdad. Comenzó a manejar otros autores, maestros de primera magnitud, cuales ciertamente son el incomparable Newton,

156

Wolfio, Gravesand, Anovio, la Caille, Muskembrock, los Bernoullis, y otros de casi igual mérito, así matemáticos puros, como físico-matemáticos; y con todos ellos se familiarizó de manera, que con suma dificultad se arrancaba de su dulce conversación, para dar lugar a otras necesarias atenciones de la vida social. No conocía este sabio más divertimiento que el de sus libros, ni entendía como puede una criatura dotada de razón emplear en fruslerías el preciosísimo tiempo de su mortal existencia, sin cultivar los talentos que le fueron confiados, y de que un día se le pediría estrechísima cuenta. Recogido en el voluntario y sabroso encierro de su casa, mientras no lo arrastraban fuera las precisas obligaciones de su empleo, se dio tiempo para consagrar a beneficio público los trabajos de su pluma en varias obras dignas de su ingenio, de las que algunas han salido a luz, y acaso saldrán otras, si hallare mecenas este Maron. Sobre todas las otras partes de las matemáticas arrebató su atención con decidida superioridad el estudio de la astronomía: ésta era sus amores y todas sus delicias: ésta su estático embeleso: ésta el principal asunto de sus profundas especulaciones; y no podía menos que ser ésta la que diese argumento al primer parto de ingenio, que lo hizo tan recomendable a los inteligentes. Aún se hallaba en los frescos verdores de su edad lozana, cuando compuso para dos años consecutivos un bien digerido calendario, que supone un hombre consumado en astronómicos asuntos. En estas cortas obritas, perfectas en su género, anunciaban los días de cada mes, en que mudan principales posiciones los planetas, como también los eclipses de Luna, y los así llamados de Sol, y otros varios fenómenos de nuestro sistema solar.

157

Para certificarnos que no eran estos sus trabajos de mérito vulgar, nos basta la autoridad del celebérrimo astrónomo francés Sr. De Lalande, quien carta fecha de París 6 de mayo 1773 (que tenemos a la vista) le dice:

El eclipse de 6 de noviembre de 1771 me parece calculado en vuestra carta con mucha exactitud; la observación es curiosa; y pues no fue posible hacerla en este país, yo haré que se imprima en las memorias de nuestra Academia: Veo con placer, que tiene México en vos un sabio astrónomo. Éste es para mí un precioso descubrimiento, y me será la vuestra una correspondencia que cultivaré con ardor. Agradezco vuestra observación sobre la altura del polo respecto a´ esa ciudad; y la haré insertar en el primer cuaderno del conocimiento de los tiempos, que daré a luz, confesando ser vos el autor. Os ruego con el mayor encarecimiento, que repitáis observaciones sobre los satélites de Júpiter, y me las enviéis; yo os remitiré las mías en el asunto: Yo desearía tener un plan de México, y saber en qué lugar de la ciudad hicisteis las observaciones que me habéis hecho el honor de mandar. Pero sobre todo, querría tener de vos una observación de la hora y altura de la marea en cualquiera lugar de la costa sur desde Acapulco hasta Valparaíso: Celebro sumamente esta ocasión de poderos atestiguar cuánto consuelo me ha dado vuestra carta, y cuán agradables esperanzas he concebido sobre el adelantamiento de las ciencias, etcétera.

Hemos entresacado estas cláusulas de dicha carta, porque creemos ser de mucho peso cualquier elogio del Sr. De Lalande, de quien supimos, años ha, por boca de persona imparcial y de suma penetración, ser un sabio de carácter franco, sincero, y declarado enemigo de toda lisonja y adulación. ¡Cuánto crecen de precio las alabanzas en pluma de tal carácter!

Iguales elogios y estimaciones tributaron al mérito de nuestro Gama otras personas de notoria superioridad en asuntos de astronomía. Séanos lícito nombrar entre éstas en primer lugar al Excmo. señor don Manuel Antonio Flores, virrey que fue de esta Nueva España, quien en medio del bullicio de las lustrosas tareas que lo ocupaban como hombre público, se daba lugar para perfeccionar cada día más, como privado, sus conocimientos astronómicos. A este Señor Exmo. debió nuestro sabio muy distinguidas confianzas: con él conferenciaba las dudas que sobre la materia le ocurrían en sus domésticos estudios: lo llamaba con frecuencia en noches claras, para observar en su erudita compañía el movimiento de los astros: le encomendó laboriosísimos cálculos para investigar en qué parte de la vasta extensión de los cielos debía comparecer el cometa que los astrónomos de Londres anunciaron para el año 1788. El Exmo. señor conde de Revillagigedo, igualmente virrey de esta Nueva España (cuya sublime comprensión es ciertamente superior a todo elogio que pueda hacer de nuestra pluma) distinguió también su mérito, mandándole se asociara con el capitán de navío don Alejandro Malaspina, que vino por real orden a practicar ciertas observaciones. Este capitán, habilísimo en la facultad, y como tal escogido por nuestra Corte para importantes investigaciones, hizo el mayor aprecio de nuestro Gama, y lo elogiaba y aplaudía con tan enérgicas expresiones, que no podía menos que sonrojar su modestia.

El señor don Joaquín Velázques de León, a quien

cuenta la Nueva España entre los hijos que más honor y lustre le dieron en el siglo xviii, trató con íntima confianza y señales de suma estimación a nuestro don Antonio y acreditó este justo aprecio, siendo director del Tribunal de Minería, con destinarlo para la cátedra de mecánica, de aerometría y de pirotecnia. No fue confirmado este nombramiento cuando se realizó la apertura del dicho utilísimo Colegio; pero a gloria del nombrado nos basta la preferencia que de él hizo un hombre de tantas luces, y que en el punto procedía con pleno conocimiento de causa, como quien, partiendo a la California por asuntos del real servicio, le dejó varios encargos astronómicos que practicara durante su ausencia, confiándole operaciones trigonométricas y analíticas, laboriosos cálculos y observaciones de eclipses y otros fenómenos celestes que necesitaba indagar para deducir por ellos las longitudes. Todo lo desempeñó el encargado, y a su vuelta el señor Velázquez lo examinó, lo aprobó, y quedó enteramente satisfecho de la destreza de don Antonio en semejantes difíciles tareas. Igual satisfacción había mostrado el señor Chappe, cuando pasó a este reyno comisionado de la Academia de las Ciencias de París para observar el paso de Venus.

A más de los mencionados *Calendarios* tenemos impresas de don Antonio algunas otras obritas, que harán glorioso su nombre a la imparcial posteridad. Tales son: 1. Las *Gacetas* de esta ciudad, de que algún tiempo fue autor, y que en la clase de folios periódicos tienen singular mérito por su estilo fluido, por su conciso laconismo, sin declinar en oscuro, por su enérgica persuasiva, por su escrupuloso amor a la verdad, y sobre todo por su amenísima erudición de mexicanas anti-

160

güedades. 2. La descripción de un eclipse de Sol, que
por su curiosa exactitud agradó tanto al referido señor
don Joaquín Velázquez, que a instancias y expensas
suyas se imprimió. 3. Una bien extendida carta al autor de dichas Gacetas, quien le pidió su dictamen sobre la pretensión de un sujeto, que se imaginó y publicó haber hallado la cuadratura del círculo. Ya en
remotas edades los Anaxágoras, los Aristófanes, los Arquímedes, los Ptolomeos, y en siglos posteriores los Eu-
genios, los Vietas, los Clavios, los Leibnitzes, y otros
tales portentos de ingenio, se afanaron y sudaron por
descubrir la verdadera y cabal razón del diámetro a
la circunferencia: por medio de operosísimos cálculos,
y de polígonos inscritos y circunscritos, consiguieron
aproximarse, cuanto fue posible, a la solución del gran
problema; pero tratándose de la puntual geométrica
medida que se buscaba, sólo hallaron un saludable des-
engaño y pusieron de suyo la modesta confesión de no
alcanzar como sea commensurable lo redondo por lo
cuadrado. Con maestría de pluma, valiéndose de incontestables principios matemáticos, demuestra el señor
Gama con el citado cuaderno, que el autor de la dicha pretensión padeció enormes alucinaciones, y que
estaba muy lejos del feliz hallazgo. ¡Con qué transporte de gozo se lo hubieran aplaudido y premiado en
sus famosas Academias París, Londres y Petersburgo!
4. Una bella disertación físico-matemática sobre la aurora boreal a que dieron motivo los mal fundados es-
pantos que pusieron en combustión la plebe mexicana
por haber comparecido uno de estos espaciosos fenómenos en el feliz virreinato del Exmo. señor conde de
Revillagigedo. Con hermosos rasgos de elocuencia, tan
erudita como instructiva, se esforzó don Antonio a cal-

mar al ignorante vulgo, informándole sobre la naturaleza y causas de este inocente incendio, con tanta frecuencia visto y observado en la atmósfera de los países boreales. 5. La descripción histórica y cronológica de las dos misteriosas piedras que el año 1790 se desenterraron en la plaza mayor de México con ocasión del nuevo empedrado que entonces se formaba. La estrechez de este elogio no da campo bastante para ensalzar, cuánto juzgamos deberse a esta noble tarea, con que se hizo don Antonio sumamente benemérito de aquellos imperiales mexicanos, los que prueba haber sido bastantemente iluminados en el conocimiento y carreras de los astros cuyas posiciones observaban y escribían con alusivos jeroglíficos. Esperamos se nos complete el tesoro de noticias sobre las antigüedades del país, dándose a luz la segunda parte de esta obra, que gira en manos de sabios revisores. 6. La instrucción sobre el remedio de las lagartijas, en que a beneficio público se tomó el asqueroso trabajo de examinar la naturaleza, calidades y diversas especies de lagartijas que se han reconocido en este reino; añadiendo después una larga y docta enumeración de los usos médicos, que de este desagradable insecto hicieron así los antiguos mexicanos, como los cultos facultativos de la Europa. Viven ya en paz las lagartijas, calmada la persecución que se les movió, por haberse creído ser específico poderoso contra todas las enfermedades análogas al cancro: si renaciere la moda de este remedio, el cuaderno de nuestro sabio indica las que son venenosas. 7. Últimamente una carta, que se insertó en nuestras Gacetas, exponiendo su dictamen sobre el modo con que deben contarse los siglos.

Entre los manuscritos que no han visto la luz pública nos parecen ser de sobresaliente mérito: 1. La historia Guadalupana, en que a fuerza de gastos, vigilias y sudores, hizo una colección de noticias las más exquisitas, apreciables y bien fundadas sobre las apariciones de nuestra madre y señora María Santísima en el Tepeyacac, y sobre todo lo perteneciente al magnífico santuario y venerable colegiata. No dudamos que algún día se publicará esta obra utilísima, en cuyo autor tan sobresalía el fino gusto como la prudente y ajustada crítica. 2. La cronología de los antiguos mexicanos. 3. Las ciencias numéricas y gnomónica de los mismos. 4. Un tratado de perspectiva práctica para uso de los aficionados a la pintura y al dibujo. Éstos son los rásgos más enteros que nos quedan de su erudición y sabiduría, sin entrar en el inmenso caos de otros principios de obras, y del apreciable tesoro de sus apuntes. Como, por su modestia, no pudo persuadirse que los amigos a quienes tocaba sobrevivirle y llorar su pérdida, codiciaríamos cualquier desperdicio de su pluma, parecen algunos de sus manuscritos un laberinto de más difícil éxito que el de Creta. Fortuna es que los maneja quien tiene sobradas luces para desenredarlos.

Su conducta privada fue siempre irreprensible, cualquiera sea la época de su vida que se considere. Sirvió más de cuarenta años, gran parte de ellos con plaza de oficial mayor, en el oficio de cámara de palacio, perteneciente a la ilustre casa de los señores Medinas, quienes pueden ser buenos testigos por experiencia de tantos años que lograron en él un dependiente vigilantísimo en su tarea, un oficial de primera inteligencia, un cumplido modelo de honestidad, de gravedad, de hombría, de bien, de circunspección. Atendió siempre con la brevedad posible al desempeño de

las obligaciones de su oficio; y meditaba un arreglo
en los archivos de su pertenencia que hubiera sido muy
ventajoso para evitar dilaciones. El gran manejo de
estos archivos enriqueció el tesoro de sus luces, y lo
hizo fiel órgano de preciosas noticias de antigüedades
a beneficio de la posteridad. No conocía divertimen-
to que no fuese análogo al uso y perfección de sus talentos, entre sus bellos instrumentos matemáticos y su
escogida librería. La poesía, que cultivó con dulzura,
era uno de sus descansos de recreación. No fomentaba
fácilmente amistades, ni se entregaba a comunicacio-
nes; mucho menos en el último tercio de su vida, en
que las enfermedades, los sinsabores y el humor hipo-
condriaco lo alejaron más de la vida social. En breve re-
sumen podemos decir: fue don Antonio León y Gama,
sabio, modesto, vasallo fiel, ciudadano pacífico, cristiano
en sus procederes, ajustado en sus costumbres, fiel en
su palabra, exactísimo en su silencio, amante del bien
público, magnánimo en la resignación con que toleró
el poco aprecio de su mérito; actuándose en la reflexión de que esto entraba en parte de los altos desig-
nios con que gobierna su mundo la adorable provi-
dencia de nuestro amorosísimo Dios.

VIII. LOS ORÍGENES DE LA TECNOLOGÍA MEXICANA: EL DESAGÜE DE MINAS EN LA NUEVA ESPAÑA *

INTRODUCCIÓN

DENTRO del amplio y variado campo de la historia de la tecnología del México colonial, es indudable que el estudio del método de extracción y beneficio de metales preciosos ocupa un lugar relevante ya que, como toda industria de explotación en gran escala, agrupó múltiples y diversas técnicas encadenadas a todo lo largo del proceso productivo. Dichas técnicas debían estar articuladas en un conjunto orgánico coherente y conjugadas de forma que permitiesen alcanzar una mayor eficiencia y por ende una mayor productividad. Desde los métodos de perforación de túneles a lo largo de vetas casi siempre argentíferas, hasta los procedimientos de acuñación de la plata, toda una gama de técnicas aparece en una cadena ininterrumpida. Sobre todo, los procesos químico-metalúrgicos de la fase de beneficio de los metales han captado la atención de los estudiosos de la ciencia y de la técnica de las colonias hispánicas de América, tanto por su originalidad como por su perdurabilidad a lo largo de más de tres siglos.[1]

* *Ciencia*, México, vol. 31, núm. 2, junio 1980, pp. 69-78.

[1] En este aspecto son particularmente apreciables y valiosas

165

Sin embargo, otras ramas de la tecnología minera merecen también ser investigadas, particularmente la referente al desagüe de las minas, gigantesco problema contra el que se estrellaron impotentes los más esclarecidos ingenios europeos y americanos de los siglos XVI al XVIII. El estudio sucinto de esta faceta de la técnica y por tanto de la ciencia coloniales es una manera de recorrer, en una sola línea, una historia tan compleja como interesante.

TÉCNICAS VIEJAS EN MINAS NUEVAS

La inundación de las minas fue probablemente el mayor obstáculo que afrontó la minería colonial en los tres siglos de la dominación española. Las filtraciones de agua arruinaban en poco tiempo las vetas más florecientes, que permanecían anegadas largos años hasta que un osado y emprendedor minero arriesgaba buena parte de su capital para intentar el desagüe y la rehabilitación de la mina, lo que le permitía un nuevo periodo de explotación hasta que el nivel creciente de las aguas lo obligaba a abandonar las labores. En dos célebres obras consagradas a la minería novohispana

las contribuciones de Modesto Bargalló, *La minería y la metalurgia en la América española durante la época colonial*, Fondo de Cultura Económica, México, 1955; y *La amalgamación de los minerales de plata en hispanoamérica colonial*, México, 1969; así como los muchos ensayos que ha dedicado al estudio de los métodos de beneficio, particularmente el de amalgamación. También ha consagrado algunos trabajos a analizar algunas obras clásicas de la metalurgia de nuestro periodo colonial que resultan de interés por la interpretación de los procesos químicos que su autor hace.

166

del siglo XVIII, todavía se insistía en la ruina que sufrían los mineros por causa de las inundaciones, sin que se pudiera recurrir a métodos verdaderamente eficaces para contrarrestar tan grave daño, ya varias veces secular.[2] Multitud de escritos oficiales y técnicos de la época, redactados tanto por burócratas de la administración colonial —incluidos algunos virreyes— cuanto por mineros y empresarios, dan testimonio de la ruina de las minas por causa de las inundaciones.

Varios factores naturales propiciaban que una mina se anegara. La ubicación topográfica, la profundidad de las excavaciones, las zonas aledañas montuosas, el tipo de tierra del lugar y el volumen de precipitaciones pluviales eran algunos de los factores que determinaban que una mina estuviese más o menos sujeta a periódicas inundaciones. Había minas poco profundas que recibían grandes caudales de agua en época de lluvia, por filtraciones copiosas debidas a la naturaleza del terreno.[3] No existía regla fija para conocer si una mina era en mayor o menor medida vulnerable a este fenómeno, ya que en la mayoría de los casos se presentaban situaciones que eran imponderables en el inicio de las labores pero que, a la postre, determinaban la duración de la vida de una mina. Des-

<hr>

[2] Francisco Javier Gamboa, *Comentarios a las Ordenanzas de Minas*, Díaz de León y White, México, 1874, p. 230; *Reales ordenanzas para la dirección, régimen y gobierno del importante Cuerpo de la minería de Nueva España y de su Real Tribunal General*, Tit. 10, art. 1º, Madrid, 1783, p. 103. Véase también: D. A. Brading, *Mineros y comerciantes en el México Borbónico, 1763-1810*, Fondo de Cultura Económica, México, 1975, pp. 186-188.

[3] Álvaro López Miramontes, *Las minas de Nueva España en 1753*, INAH, México, 1975, p. 36.

de los primeros decenios coloniales los mineros hubieron de ingeniárselas para resolver ese problema. Ya para 1567, los mineros de Zacatecas se quejaban de que las minas profundas estaban inundadas.[4] El mismo problema aquejaría a las de Sombrerete y Guanajuato. Aún las primitivas explotaciones hubieron de recurrir a diversos arbitrios para evitar que el agua las cubriera, siendo los principales la perforación de un socavón de desagüe o el uso de malacates, norias, *cigüeñas* y un tipo rudimentario de bombas.[5] . Todos ellos eran recursos utilizados en Europa desde tiempos antiguos que habían sido trasplantados a las nuevas tierras. El método de socavón resultaba el más eficaz, pero su costo era muy elevado y existía el riesgo de perforar un largo túnel que luego resultara inoperante; por ello pocos mineros se atrevían a seguirlo, aunque cabe decir que algunos de ellos, en el siglo XVIII, lograron espectaculares ganancias al perforar túneles de desagüe que habilitaron una o varias ricas minas anegadas. Debe señalarse que este recurso de excavar un túnel inclinado desde el sitio anegado, a efecto de que el agua corriera hacia abajo por simple gravedad y se secara la veta, requería de buenos conocimientos de geometría subterránea, sobre todo cuando dicho socavón debía articularse con otro u otros túneles para desaguar galerías concentradas en un área bien delimitada. Es obvio, por otra parte, que este método era impracticable en vetas que corrían en las partes inferiores de las la-

---

[4] P. J. Bakewell, *Minería y sociedad en el México colonial, Zacatecas (1546-1700)*, Fondo de Cultura Económica, México, 1976, p. 185.

[5] Joaquín Ezquerra del Bayo, *Elementos de laboreo de minas*, Imprenta de Don Salvador Albert, Madrid, 1939, pp. 277-302.

168

deras montañosas o en los fondos de los valles; pero en las partes superiores sí era practicable y los conocimientos topográficos y de geometría subterránea se hacían imprescindibles para que el túnel que se perforaba incidiese en el sitio inundado y no se desviase con el consiguiente gasto de dinero y de trabajo humano.[6] Durante casi toda la época colonial la minería no contó con un trabajo subterráneo adecuado. Los peritos medidores de minas a la hora de medir, dar contraminas (socavones), lumbreras o tiros, se dejaban llevar de conjeturas que en muchos casos condujeron a resultados desastrosos. El uso de planos topográficos de las minas, elaborados con base en brújulas y otros instrumentos de medición, sólo se dio en contadas ocasiones.[7] El método de desagüe por medio del malacate fue también muy socorrido durante toda la época colonial y buena parte del siglo XIX, aunque su uso estaba casi siempre restringido a las grandes minas que disponían de tiros adecuados. Durante el siglo XVI, en las minas menores el agua se sacaba en botas de cuero y a cuestas por los operarios (*tenateros*). El empleo de malacates exigía la perforación de tiros verticales precisos y por tanto un buen conocimiento de geometría subterránea. Este aparato, descrito con ciertas variantes por algunos tratados europeos de mecánica del siglo XVI, era de gran sencillez y sus principios mecánicos bastante rudimentarios. Consistía básicamente en una polea que giraba impelida por fuerza animal o incluso humana (en otras operaciones, este sistema podía emplear fuerza motriz hidráulica), que giraba una cadena de sacos de cuero que subían el agua des-

[6] Gamboa, *op. cit.*, pp. 312-313.
[7] Bargalló, *La minería y la metalurgia*, pp. 236-237.

de el fondo del tiro hasta los vertederos de evacuación. El costo de mantenimiento era alto, tanto por los animales de tracción cuanto por los cueros empleados, cuya duración era limitada debido a la fricción que sufrían las bolsas, al ascender, contra las paredes del tiro.[8] Las norias y las *cigüeñas* partían de principios mecánicos semejantes a los del malacate y su funcionamiento era parecido. Lo más usual era que los mineros intentaran combinar el método del socavón, que les secaba la veta, con el del malacate, que les permitía hacer descender el nivel diario de las aguas que se filtraban, siempre y cuando el volumen de éstas no fuera muy grande.[9]

El uso de bombas rudimentarias no fue desconocido de los mineros novohispanos del siglo XVI, aunque fue restringido. Su eficacia no era muy buena, sobre todo en minas profundas y la fuerza motriz a base de animales era costosa, aunque por otra parte es obvio que eran más manejables que los malacates, menos aparatosas y más fáciles de instalar. Aunque no ha sobrevivido ningún diseño de las mismas, es muy probable que fueran del tipo rudimentario utilizado en las minas europeas desde muchos años atrás: estaban formadas por cadenas, troncos de árboles ahuecados para servir de conductos, pistones y válvulas de paso. No muy diferentes debieron ser las bombas que Her-

---

[8] A veces para eliminar aunque fuese en parte, este problema, se revestía internamente el tiro con madera. Este procedimiento se denominaba "encajonado". (Bakewell, *op. cit.*, p. 186.) Gamboa dice que los tiros tenían "4 o 5 varas en cuadro" y que eran ochavados o seisavados, y que, cuando las paredes se reblandecían, se cubrían de madera, "que llaman *ademe*", y que se afianzaba a base de troncos. (*op. cit.*, p. 232.)

[9] Ezquerra, *op. cit.*, p. 292.

170

nán Cortés mandó utilizar en las minas de Taxco para lograr su desagüe, aunque de ser cierta dicha noticia, estos aparatos sólo pudieron funcionar en sitios poco profundos y con volúmenes de agua ciertamente no muy grandes.[10]

Esta metodología para desaguar minas, por rudimentaria que nos parezca, permitió el florecimiento de la industria argentífera novohispana hasta los niveles que conocemos. Algunas hazañas en la excavación de túneles de desagüe fueron incluso muy redituables, como fue el caso, entre otros muchos, del socavón perforado en 1671 en el cerro de San Pedro en San Luis Potosí, que tenía una longitud de unos 230 metros.[11] Es evidente que todas las operaciones de este tipo requerían cierta pericia matemátcia. El viajero italiano Gemelli Carreri vio a fines del siglo XVII cómo, en Pachuca, se llevaban a cabo labores de perforación de un canal subterráneo que permitiría que dos minas se desaguasen al verter el líquido de la más alta en la más baja y de ésta en el túnel.[12] En 1728, la rica mina de La Quebradilla en Zacatecas se desaguó por medio de un tiro que costó veinticuatro mil pesos,[13] aunque pocos años después el nivel creciente de las aguas entorpeció las labores y obligó a sus propietarios a abandonarla

[10] Lucas Alamán, *Disertaciones*, JUS, México, 1969, II, p. 65; Santiago Ramírez, *Noticia histórica de la riqueza minera de México*, Oficina Tipográfica de la Secretaría de Fomento, México, 1884, p. 32.

[11] Woodrow Borah, "Un gobierno provincial de frontera en San Luis Potosí, 1612-1620", *Historia Mexicana*, XIII:4 abril-junio, 1964, pp. 532-550.

[12] Juan Francisco Gemelli Carrieri, *Viaje a la Nueva España*, Libro-Mex. Editores, México, 1955, I, p. 130.

[13] *Gacetas de México*, mayo 1728, SEP, México, 1949, I, p. 95.

de nuevo.[14] Más espectacular fue la habilitación de la célebre y opulenta veta Vizcaína en Real del Monte. Tras algunas infructosas y costosas tentativas de des-aguarla por José Alejandro Bustamante Bustillo (quien perforó sin resultados un túnel de 1 200 varas en un lapso de 9 años, a partir de 1739), su rehabilitación fue debida a Pedro Romero de Terreros. Gracias a la perforación de un túnel bien calculado y tras varios años de labores, logró en 1762 ver correr el agua de la anegada veta. El costo de las operaciones de rehabilitación del complejo minero de esa zona alcanzó la exorbitante cifra de un millón de pesos, aunque las pingües ganancias obtenidas compensaron de sobra dicho gasto.[15] Pocos años más tarde, entre 1771 y 1780, en el Real de Bolaños, Antonio de Bibanco arriesgando fuertes sumas logró desaguar por medio de dos tiros profundos, sagazmente calculados y practicados, cinco de las minas situadas sobre la misma riquísima veta. Ésta fue una de las más redituables operaciones de rehabilitación de una mina durante el siglo xviii.[16] Aparte de la precisión técnica que requería dicho tipo de labores, los empresarios debían soportar los fuertes gastos que les originaban, a veces durante mucho tiempo. El canal subterráneo que José Vicente de Anza realizó en Tehuilotepec, tardó doce años en ser perforado y alcanzó únicamente 477 varas de longitud.[17] Más costeable en su fase inicial y menos riesgosa resultaba la operación de desaguar por medio de mala-

[14] Brading, *op. cit.*, p. 269.

[15] *Ibid.*, pp. 187, 251-252; Gamboa, *op. cit.*, p. 231.

[16] D. A. Brading, "La minería de la plata en el siglo xviii: el caso Bolaños", *Historia Mexicana*, xviii:2, octubre-diciembre 1969, pp. 317-333.

[17] Brading, *Mineros*, p. 187.

172

cates. Los mineros de la Nueva España se inclinaron casi siempre por esta solución, en lugar de recurrir a la perforación de un socavón que además de costoso era incierto en sus resultados. A lo largo de los años, los mineros se las ingeniaron para que sus malacates tuvieran cada vez mayor capacidad de desagüe. Conocían bien los costos de operación (construcción y mantenimiento de los aparatos, sacos de cuero, cuerdas, forraje de mulas y caballos) y la eficiencia que podían lograr con sus equipos. El perfeccionamiento técnico que realizaron en aparatos tan rudimentarios les permitía calcular tiempos, movimientos y eficiencia, incluso por hora trabajada.[18] Esto les permitía afinar sus costos con cierta precisión. Asimismo, conocían bien la eficiencia de los animales que les servían de fuerza motriz y el volumen de agua que eran capaces de extraer. Y lo que decimos del malacate es también aplicable al uso de "cigüeñas" y de cierto tipo de norias.[19] El número de operarios que laboraban en malacates era aproximadamente una tercera parte del que trabajaba en cigüeñas ya que, en estas últimas, ciertas operaciones no estaban mecanizadas y habían de ser realizadas a mano.[20] El método combinado de malacate y

[18] López Miramontes, *op. cit.*, p. 42.

[19] *Ibid.*, pp. 36-37.

[20] El término "cigüeña" tal como lo empleaban los mineros novohispanos resulta ambiguo, ya que en rigor cigüeña es, en mecánica, una pieza curva de hierro utilizada en tornos y en otros dispositivos similares. En la Edad Media se conocía como *Manubrium versatilis machinae*. En cambio el "cigüeñal" es la pértiga que servía para sacar agua de los pozos en Andalucía. Sin embargo la "cigüeña" utilizada en la minería no es ninguna de las dos aunque dicha acepción, como máquina de desagüe de minas, era utilizada comunmente en la Nueva España en el siglo

norías movidas por caballos era costeable porque reducía considerablemente el número de operaciones y sus resultados eran similares al empleo de malacates únicamente.

El uso del malacate en las minas de la Nueva España data probablemente del último tercio del siglo xvi, aunque no cabe descartar de antemano que haya sido introducido desde los decenios anteriores. En Zacatecas ya se utilizaba este tipo de aparatos en los primeros años del siglo xvii. Asimismo se intentó combinar —parece que con resultados adecuados— el uso de malacates con el de bombas y norias. En la mina conocida como El Terno se instaló, en 1609, una bomba y en la denominada La Palmilla de la Veta Grande, también en Zacatecas, existían nueve bombas en operación pocos años después. En 1625, en esa misma mina, existía una bomba que extraía agua desde cierta profundidad. Se movía mediante esclavos negros y, aunque su diseño nos es desconocido, es probable que no variase demasiado de los modelos europeos de las minas húngaras o tirolesas.[21] Hacia fines del siglo xvii, el infatigable Gemelli Carreri vio en funcionamiento en la mina de la Trinidad, en Pachuca, 16 malacates que extraían tanto el mineral como el agua.[22] Cien años más tarde, el conde de Regla mantenía 28 mala-

xviii. Era una rueda de unas 3 varas de diámetro con crucetas que giraba con tracción animal o humana arrastrando las botas de cuero del fondo de la mina en forma parecida a la del malacate. Resultaba tan primitivo como éste. Véase: Gumersindo Vicuña, *Tratado completo de Agricultura Moderna*, M. Rodríguez, Madrid, 1877, ii, pp. 240 *ss.*, láminas 39 y 40.

[21] Bakewell, *op. cit.*, p. 186.

[22] Gemelli Carreri, *op. cit.*, I, p. 129.

cates en operación en la veta Vizcaína. Su costo había sido de doscientos cincuenta mil pesos.[23]

Lo rudimentario de los métodos de desagüe de minas fue, a todo lo largo de la colonia, un efectivo acicate para que los peritos novohispanos con afición por la ingeniería hidráulica aguzaran su ingenio inventivo para crear máquinas que superasen a las antiguas en eficiencia. En 1768, José Antonio Alzate reconocía que habían existido empeñosas tentativas de solucionar, por medio de un eficaz invento mecánico, el problema del desagüe que aquejaba a la minería.[24] De hecho, la idea de utilizar dispositivos técnicos con ese fin no era cosa nueva en el virreinato. La tradición española que llegó a América era rica en ese sentido, puesto que desde fines de la Edad Media se habían inventado, en las regiones mineras peninsulares, varios aparatos y máquinas para elevar el agua. La tradición de la ingeniería hidráulica musulmana tuvo sin duda mucho que ver en ello.[25] Así, en 1583 un tal Bartolomé de Gálvez, minero del distrito de Temascaltepec, inventó un ingenio para expeler el agua de las minas[26] y, en 1618, Juan de Losada experimentó con buen éxito en la mina de La Concepción de Taxco un "artificio" de desagüe que no sólo permitía extraer el agua, sino que también mantenía permanentemente seca la mina.[27] Algunos de estos aparatos resultaban

[23] Branding, *Mineros*, p. 186.

[24] José Antonio Alzate, *Diario literario de México*, 19 de abril de 1768, en *Gacetas de literatura de México*, Oficina del Hospital de San Pedro, Puebla, IV, p. 262.

[25] Juan Vernet Ginés, *Historia de la ciencia española*, Instituto de España, Madrid, 1975, p. 58.

[26] Bakewell, *loc. cit.*

[27] AGNM, *Reales cédulas duplicadas*, XVI, exp. 224.

de eficiencia comprobada, como fue el caso de los que se instalaron en Real del Monte, en la mina de Santa Cruz, en 1730, por Joseph de Castañeda. Uno de esos inventos logró bajar, en once horas, doce varas de agua, lo que según el autor de la noticia, apenas podía ser ejecutado por diez malacates en operación simultánea.[28] Lamentablemente no conocemos el diseño de dicho "artificio". Pocos meses después, en enero de 1731, se experimentó en Pachuca, en la mina de San Antonio, con dos aparatos que también resultaron de gran capacidad cuando se les comparó con los malacates, ya que, según testigos convocados al efecto, los inventos mecánicos lograron extraer cinco veces más agua que dos malacates en un lapso de tiempo igual.[29] Tampoco se excluyó la importación de bombas de desagüe. Alrededor de 1716, el banquero Isidro Rodríguez de la Madrid intentó desaguar sus minas en Pachuca por medio de bombas traídas de Inglaterra con un costo de cien mil pesos, pero resultaron infructuosas.[30] En suma, sean de origen novohispano o importadas, los mineros no fueron ajenos al empleo de máquinas de desagüe; y si persistieron en los métodos ancestrales se debió, como veremos, a la desconfianza que les inspiraban las innovaciones en áreas que tradicionalmente les parecieron más del dominio de la realización empírica que de la ciencia especulativa.

La resistencia a la adopción de métodos y técnicas modernas partían de la confianza casi ilimitada, aunque en la mayoría de los casos inconsciente, en los postulados de la ciencia antigua. Era una forma de tradi-

<hr>

[28] *Gacetas de México*, febrero de 1730, I, p. 231.
[29] *Ibid.*, marzo de 1731, I, p. 316.
[30] Gamboa, *op. cit.*, pp. 226 *ss*.

176

cionalismo científico que se apoyaba en los buenos resultados prácticos obtenidos para dejar de lado los nuevos descubrimientos que iban a revolucionar las técnicas industriales como nunca antes se había hecho. Sus autores más socorridos seguían siendo, en ese campo de la técnica, Herón, Pappo, Filón, Arquímedes y Vitrubio —entre los antiguos— y Agrícola, Ramelli, Juanelo y Besson entre los modernos, los cuales eran, en la mayoría de los casos, únicamente comentadores e ilustradores de aquéllos. El caso de Agrícola, uno de los autores más socorridos por nuestras técnicas en las labores de la ingeniería de minas, es de los que mejor nos ilustran en ese sentido. Sus principios mecánicos son muy antiguos y están tomados de Ctesibio, Arquímedes y Vitrubio.[31] Este último autor, en su famosa obra *De Arquitectura*, describe la célebre bomba de Ctesibio que fue concebida de varias maneras por los grabadores e ilustradores de su obra,[32] la cual tuvo amplia difusión en los siglos xv, xvi y xvii y fue la base de varios libros sobre hidráulica escritos en esa época.[33] La obra de Ramelli, bello tratado de máquinas y aparatos de toda índole que data también del siglo xvi, dedica las 110 primeras láminas (más de la mitad de todo el libro) a los métodos de bombeo y elevación de agua que, como en el caso de la obra de

[31] Esto resulta evidente después de un simple estudio de las técnicas que propone y de los diseños de máquinas que ilustran su obra. Véase: Georgius Agrícola, *De Re Metallica*, New York, Dover, 1950 (para el asunto que aquí nos ocupa cf.: Libro vi, pp. 157-200).

[32] Marco Vitrubio Polión, *Los diez libros de architectura*, Imprenta Real, Madrid, 1787, lámina 56.

[33] George Sarton, *Historia de la ciencia*, Eudeba, Buenos Aires, 1965, iv, pp. 373-374.

Agrícola, son variantes de los métodos grecorromanos.[34] De las obras españolas de hidráulica en esa época, la más célebre es sin duda la de Juanelo Turriano, ingeniero de Carlos V, quien por medio de su famoso "artificio" logró elevar las aguas del Tajo. Su obra, sin embargo, permaneció inédita.[35] En suma, al recorrer los aparatos y máquinas que de una u otra manera fueron empleados en el desagüe de las minas de la Nueva España, no hacemos sino dar constancia de la supervivencia de la ciencia antigua a través de éste aspecto de la técnica minera novohispana. El cuestionamiento de la eficacia de estos métodos en la segunda mitad del siglo xviii será entonces un síntoma de que los nuevos conceptos mecanicistas de la ciencia habían penetrado en México e imponían una nueva manera de concebir dichas técnicas, no sólo en la minería, sino también en la agricultura y en la industria. La crítica de las tecnologías ancestrales fue aquí, como en otras partes del globo, una de las formas en que se manifestó la ilustración y la modernidad científica. Si sus efectos no fueron muy grandes se debió a la magnitud de la resistencia que se les opuso.

Ahora bien, la tentativa de modificar las técnicas tradicionales de desagüe apoyándose, aunque fuese parcialmente, en la ciencia moderna, es varios lustros anterior a la célebre crítica de Alzate al malacate. Es

[34] Agostino Ramelli, *The Various and Ingenious Machines*, (Tr. Martha Teach Gnudi), The Johns Hopkins University Press, The Scholar Press, 1976, pp. 58-284.

[35] Ladislao Reti, "The Codex of Juanelo Turriaño (1500-1585)", *Technology and Culture,* 8, (1967), pp. 53-66. La obra de Juanelo, titulada *Los veintiún libros de los ingenios y máquinas,* ocupa cinco tomos de los cuales el 2º y el 3º versan sobre hidráulica.

178

un síntoma, uno solo entre otros muchos, que nos permiten pensar que nuestra incipiente ilustración científica podría hacerse arrancar algunos años antes de lo que tradicionalmente se ha supuesto y de que, en rigor, no existe solución de continuidad entre la ciencia y la técnica de fines del siglo XVII y la que se ha hecho partir de alrededor de 1760. Si sus manifestaciones aparentes son más modestas es que no han salido a la luz los suficientes documentos que permitan iluminar esa etapa tan oscura de nuestra historia de la ciencia que abarcaría de 1700 a 1760, años más, años menos. Para situarla mejor, conviene que, después de haber tratado de las técnicas tradicionales, veamos los intentos de innovación realizados en la segunda mitad del siglo XVIII.

Técnicas nuevas en minas viejas

Al mediar el siglo XVIII, el minero de Pachuca José Alejandro Bustamante decía en una *Representación* dirigida al virrey Revillagigedo (1746-1755) que la mayor calamidad que podía abatirse sobre una mina era que se anegara, y que mientras más profunda fuera, el riesgo era mayor.[36] De hecho, por esos años la situación de la minería era crítica debido a este mal, al que no se le veía un remedio próximo y viable. La casi total ausencia de peritos en geometría subterránea que ayudasen en la perforación de socavones de desagüe era un mal que se hacía sentir fuertemente. Mientras la amalga-

[36] María del Carmen Velázquez, "José Alejandro Bustamante Bustillo, minero de Pachuca", *Historia Mexicana*, xxv:3, enero-marzo 1976, p. 340.

mación, o sea el tratamiento químico de los minerales, era tratada brillantemente por algunos sabios metalurgistas en libros destinados a la divulgación, la ingeniería de explotación carecía de manuales adecuados y los expertos en esos asuntos eran pocos. Uno o dos tratados que habían sido escritos sobre estos temas no habían llegado a las prensas y las obras europeas sobre el tema eran pocas, abstrusas y a menudo escritas en idiomas desconocidos para la mayoría. Alzate, en 1768, indicaba que los mineros deberían tener cuidado en la elección de técnicas "en medidas de minas" que los auxiliasen en la perforación de tiros o socavones, ya que un error de cálculo podía resultar desastroso.[37] Tres años más tarde, en 1771, Joaquín Velázquez de León en un *Informe* sobre minería dirigido al virrey, marqués de Croix, aludía a la ausencia de estos peritos y los daños que se causaban al practicar tiros y socavones errados.[38] Tres decenios más tarde, Humboldt hacía la misma observación y recomendaba el uso de planos de minas adecuados para dirección de las obras de ingeniería subterránea.[39] Aparte de esto, vino la crítica a los aparatos empleados en el desagüe, en particular del malacate. En 1768, en su *Diario Literario*, Alzate incluyó un comentario sobre las deficiencias del malacate en el que decía:

[37] José Antonio Alzate, *Diario Literario de México*, 14 de abril de 1768, *Gacetas de la Literatura de México*, IV, p. 27.

[38] Roberto Moreno, *Joaquín Velázquez de León y sus trabajos científicos sobre el valle de México, 1773-1775*, UNAM, México, 1977, pp. 65-66, 367.

[39] Alejandro de Humboldt, *Ensayo político sobre el Reyno de la Nueva España*, Editorial Pedro Robredo, México, 1941, III, pp. 267-268.

Es de extrañar el que en más de doscientos años que se laborean las minas, no se haya dado un paso adelante en su desagüe: el cabrestante que llaman malacate ha sido el único asilo en semejantes ocurrencias: su inutilidad se manifiesta si se considera el dilatado tiempo que es necesario para que la soga enrede el malacate. Y que la cantidad que se extrae no puede ser suficiente en muchas ocasiones; porque si vg. se sacan veinte arrobas de agua, es muy probable el que, por los manantiales, entre la misma o mayor cantidad. Yo considero que la *falta de máquinas proporcionadas* ha hecho ocurrir al sencillo modo de desaguar mediante uno o muchos malacates: considero el que *la construcción de una máquina hidráulica necesita de más luces de las que a muchos parece.*[40]

Todo ese artículo de Alzate iba no sólo dirigido a mostrar los inconvenientes de tan rudimentaria máquina, sino también a dar noticia de la utilidad de las máquinas de desagüe por bombeo, de las cuales describe una. En el ya citado *Informe* de Velázquez de León, este sabio reconocía los "muchos inconvenientes" derivados del uso del malacate y mencionaba la utilidad de las máquinas hidráulicas y neumáticas.[41] Esto ocurría en 1771. Trece años después, en 1784, Alzate insertó en la *Gaceta de México* una acre crítica al malacate. Señalaba defectos en su funcionamiento, en su diseño y en su eficiencia. Anotaba detalladamente las limitaciones que encontrara en la devanadera (que según él debía ser cilíndrica y no poligonal, lo que originaba pérdidas en la potencia motriz generada por los caballos de tracción), en las garruchas y en el es-

[40] Alzate, *op. cit.*, p. 23. Las cursivas son nuestras.
[41] Moreno, *loc. cit.*

peque. Criticaba el grosor de las sogas y su rápida destrucción por falta de tratamiento, y el que se utilizaran botas que se desgastaban rápidamente, por no ser de cuero curtido, y recomendaba en su lugar el uso de barricas. Varios personajes se animaron a comentar el escrito de Alzate y Velázquez de León, como director del Cuerpo de Minería, se creyó obligado a hacerlo. La polémica que se suscitó fue larga y virulenta, aunque interesante y llena de ironía. Réplicas y contrarréplicas fueron y vinieron entre el censor del malacate y sus defensores, entre los que se encontraba Velázquez de León.[42] La polémica puso de manifiesto la opinión de los innovadores, encabezados por Alzate, acerca de los métodos de desagüe que se empleaban en la minería y que se encontraban en evidente atraso respecto de los métodos de bombeo que por entonces ya se practicaban en Europa y de los que el mismo Alzate había dado noticia. Y no es que sus contendientes no estuviesen alineados con los postulados de la ciencia moderna. Velázquez de León había demostrado ser un hábil astrónomo y matemático; pero es evidente que una cosa eran las determinaciones astronómicas y los abstrusos cálculos matemáticos y otra las innovaciones técnicas en un campo en el que el menor error de cálculo podía ser fatal. Así, el malacate siguió en uso con leves modificaciones, quizá propiciadas por la crítica del polifacético presbítero Alzate.

[42] Alzate, *op. cit.*, pp. 298, 309, 316, 344; Véase también: Clement G. Motten, *Mexican silver and the Enlightenment*, University of Pennsylvania Press, Philadelphia, 1950, pp. 29-31, José Joaquín Izquierdo, *La primera casa de las ciencias en México. El Real Seminario de Minería*, (1792-1811), Ediciones Ciencia, México, 1958, p. 186.

Cuando, en 1803, Humboldt vio malacates en operación, no disimuló su sorpresa por el hecho de que se continuaran utilizando y calificó esa costumbre de "verdaderamente bárbara".[43] No era fácil que los mineros aceptaran cambios, a pesar de que en teoría admiraban las experiencias científicas puras de laboratorio que apoyaban la eficacia de las nuevas máquinas. La desconfianza ante la técnica innovadora estaba hasta cierto punto desconectada de su idea de la física moderna de la que eran partícipes. Curiosa paradoja que explicaría, aunque sólo sea en parte, por qué la bonancible situación económica del último tercio del siglo xviii no se conjugó con la adopción de nuevos inventos a efecto de catalizar el desarrollo no sólo de la minería, sino también de la industria. Recordemos que uno de los elementos de la Revolución Industrial, que en esos años se daba en Inglaterra, fue el de haber logrado articular ambos elementos, el económico y el técnico, con una creciente productividad agrícola. Nuestros ricos mineros no arriesgaban fácilmente sus utilidades en la adquisición de bombas de desagüe que acarreaban, además, gastos colaterales cuantiosos. En este aspecto optaron por la tradición técnica aunque creyeran en la ciencia moderna.[44] Era una forma de aceptar como válida, sólo en teoría, la crítica ilustrada de sus técnicas sin aceptar la otra cara de dicha crítica des-

[43] Humboldt, *op. cit.*, pp. 266-267.

[44] En las célebres *Ordenanzas de minería* de 1783 se aludía a la necesidad de mantener las minas en operación constante practicando labores efectivas de desagüe por medio de socavones o por medio de máquinas que suponemos eran los tradicionales malacates. (Véase: *Reales ordenanzas para la dirección, régimen y gobierno, etc.*, Tit., 10 art. 1, 2, 13 y 14, pp. 103-104, 109-110, ed. cit.)

tructiva, es decir la constructiva que proponía nuevos métodos, aparatos y dispositivos. Como ya dejamos dicho, desde 1768 Alzate había hecho referencias a una bomba de desagüe que ya se utilizaba en Europa y que trabajaba a gran profundidad. Su manera de exponer las ventajas de la misma, haciéndolas contrastar con las técnicas tradicionales, es característica de ese estilo ilustrado de crítica dual, destructiva-constructiva:

Supongamos ejecutadas unas bombas suficientes para desaguar una mina, lo que es fácil; pero que éstas no pueden moverse y desaguar diez y seis veces por minuto, por ser necesario que para que se muevan y desagüen han de emplearse en su maniobra cien hombres o veinte caballos (porque un caballo tiene la fuerza de cinco hombres) es bien palpable que esta máquina es despreciada por los enormes gastos precisos para mantener el número doblado de hombres o caballos que deben alternarse en su ejercicio: asentemos que una persona hábil descubre un arbitrio para que esta máquina se mueva fácilmente, ahorrando los doscientos hombres o cuarenta caballos, es innegable que la máquina será no sólo útil, sino necesaria.

Esto sucede con la máquina llamada de fuego, en la que una corta cantidad de agua reducida a vapores, pone en movimiento las bombas, que extraen el agua de una profundidad de más de cien varas.[45]

Alzate alude, sin mencionarlo, a la bomba de Newcomen que, según él, funcionaba de la siguiente manera:

Por la condensación de vapores se forma un vacío, y el aire por su peso hace descender el émbolo a la par-

[45] Alzate, *op. cit.*, pp. 23 *ss.*

184

te inferior; de modo que la falta de equilibrio hace mover la máquina; cuando se abre el regulador los vapores hacen su efecto, y cuando se cierra y se abre el tubo de inyección, la atmósfera ejecuta los efectos de su pesadez en la parte superior del émbolo.[46]

Dieciséis años después recordaba con insistencia esta opción que no había hallado eco entre los mineros.

[46] *Ibid.* La historia de la máquina de vapor, su difusión y aplicaciones ha sido muchas veces estudiada desde sus orígenes. El sueño de una máquina de vapor fue retomado por los ingenieros del Renacimiento, quienes se apoyaban en los diseños de Herón, Filón, Ctesibio y Vitrubio. A mediados del siglo XVII se habían intentado varias innovaciones importantes debidas a Caus, Branca, Papín y el marqués de Worcester. El descubrimiento, en el mismo siglo, de la presión atmosférica llevó a comprender mejor la noción de *vacío*. Savery aplicó estas nociones en una máquina para elevar agua (1698), de efectos limitados ya que la condensación del vapor enfriado sólo podía succionar agua de unos treinta y dos pies de profundidad. A mayor presión y temperatura podía subir hasta 150 pies. Newcomen realizó algunas importantes modificaciones (hacia 1705) del aparato de Savery. Reemplazó el ovoide por un cilindro de pistón móvil que se elevaba con la condensación succionando el agua con mayor fuerza. Recuérdese que el desarrollo de la máquina de vapor se apoyó sustancialmente en la experiencia práctica, lejana de los hombres de ciencia, y que sólo después adoptó sus principios teóricos. Por lo demás, desde fecha temprana (fines del siglo XVII), se vio su utilidad en la minería. Véase: D. S. L. Cardwell, *From Watt to Clausius*, Cornell University Press, New York, 1971, pp. 11-17; L. T. C. Rolt y J. S. Allen. *The Steam Engine of Thomas Newcomen*, Science History Publications, New York, 1977; A. Wolf, *A History of Science, Technology and Philosophy in the Eighteenth Century*, The Macmillan Company, New York, 1939, pp. 610-618. Para una buena descripción del funcionamiento de las máquinas de Newcomen y de Watt, véase: M. Janvier, *Manuel du Constructeur de Machines à Vapeur*, Reret Libraire, París, 1828.

¿El malacate será la única máquina proporcionada para el desagüe de las minas? ¿No se podrá construir la máquina de fuego, o que se mueve por medio del vapor del agua y que publiqué descrita en 1768? [47]

Sin embargo, Alzate mismo había sido el primero en reconocer desde ese mismo año que sin suficientes conocimientos de física moderna y de matemáticas el resultado podía no ser el deseado. Al efecto escribía:

La construcción de una máquina hidráulica necesita de más luces de las que a muchos parece. Se requiere un gran conocimiento de las matemáticas, ayudado de una gran penetración y habilidad para conformarse a las dificultades accidentales que suelen sobrevenir. Esto es lo que ha frustrado varias máquinas mal entendidas o peor pensadas que se han intentado ejecutar para el desagüe de las minas y no han tenido el efecto deseado, por la falta de los conocimientos expresados. Mi ánimo no es destruir este uso tan antiguo; los que lo practican sabrán lo que hacen; pero es compasión el que se hallen tantas minas ricas abandonadas por no poderse costear su desagüe.[48]

Algunos años después, con el Colegio de Minería ya en funciones, la tentativa pudo realizarse. Dos de sus más destacados profesores, Fausto de Elhúyar y Andrés del Río, intentaron proporcionar a las minas un sistema de desagüe menos obsoleto que el que se empleaba. Hacíanse eco con esta actitud, de lo dispuesto en las citadas *Ordenanzas de Minería* de 1783 en el sentido de que era conveniente estimular las invenciones

[47] Alzate, *op. cit.*, p. 298.
[48] *Ibid.*, p. 23.

186

mecánicas que de alguna forma favorecieran el buen desempeño de la minería.[49] Esos dos metalurgistas realizaron experiencias con tal fin. Del Río ideó y mandó construir, en 1802, una bomba hidráulica de "columna de agua" (sistema de sifón) para bajar el nivel del agua de las minas de Morán en Pachuca. Humboldt, que la vio, la describe en la forma siguiente:

Es una máquina de columna de agua cuyo cilindro tiene 26 decímetros de altura y 16 de diámetro. Esta máquina, la primera de este género que se haya construido en América, es muy superior a las que existen en las minas de Hungría: ha sido construida con los cálculos y planos del Sr. del Río...[50]

Este mismo autor añade que existía el proyecto de utilizar el mismo tipo de bombas en las minas de **Rayas** (Guanajuato), en Real de Monte y en Bolaños. Fagoaga yar también era partidario de las bombas de tipo hidráulico sobre las de vapor, ya que éstas eran más costosas y el combustible que consumían era mucho y caro.[51] Los resultados sin embargo, no fueron satisfactorios a pesar del tiempo empleado en la construcción de las bombas y de su costo, debido a que el primer tiro en el que se instaló se derrumbó por el peso de la máquina y a que, en la segunda tentativa, una repentina filtración de agua echó a perder todo el trabajo.[52] Hasta 1821 no se dio formalmente la iniciativa

[49] *Reales ordenanzas...*, tit. 18, art. 17-18-19, p. 201, *ed. cit.*
[50] Humboldt, *op. cit.*, 255-256.
[51] Santiago Ramírez, *Datos para la historia del Colegio de Minería*, Imprenta del Gobierno en el ex-arzobispado, México, 1890, p. 199.
[52] Brading, *op. cit.*, p. 228.

de instalar máquinas de vapor importadas con fines de desagüe. Al parecer, la primera de ellas, traída de Inglaterra, logró trabajar hasta 1826 en el Real de Catorce.[53] A partir de entonces y a pesar de la actitud de algunos empresarios, la bomba de vapor tomó carta de naturalización en la minería mexicana.[54]

[53] Rafael Montejano y Aguiñaga, *Real de Catorce*, Academia de Historia Potosina, A. C., San Luis Potosí, S. L. P., 1975, pp. 112-114.

[54] Clara Bronstein, *La Introducción de la máquina de vapor en México*, (tesis), UNAM, Facultad de Filosofía y Letras, México, 1965.

188

IX. CIENCIA Y TECNOLOGÍA EN LA TEMPRANA ILUSTRACIÓN MEXICANA *

En noviembre de 1728 la *Gaceta de México* anunciaba en su sección de "Libros Nuevos" dos obras de Juan Antonio de Mendoza y González. Se trataba de "dos quadernos en quarto" cuyos títulos eran *Método para corregir Reloxes* y *Modo para desaguar minas*. Ambos habían sido impresos durante ese año con licencias y privilegios virreinales, por el impresor Joseph Bernardo de Hogal.[1] Su autor no era desconocido en los círculos científicos novohispanos. Poblano de origen había estudiado en San Ildefonso y había recibido las órdenes sagradas. Era cura propio y juez eclesiástico de los partidos de Tampamolón y Tepecuacuilo contador de la catedral de Puebla y notario del Santo Oficio;[2] practicaba, además, el magisterio en matemáticas y era contador de los Reales Azogues y medidor de tierras y aguas.[3] En 1722 había publicado una obra

---

* *Diálogos*, vol. xvii, 4, (100), julio-agosto, 1981, pp. 53-55

[1] *Gacetas de México*, Secretaría de Educación Pública, México, 1949, I, p. 140 (noviembre de 1728).

[2] Félix Osores, *Noticias bio-bibliográficas de alumnos distinguidos del Colegio de San Pedro, San Pablo y San Ildefonso de México*, Bouret, México, 1908, II, p. 81.

[3] José Mariano Beristáin de Souza, *Biblioteca Hispano-Americana Septentrional*, Ediciones Fuente Cultural, México, 1947, III, pp. 238-239; Rafael Aguilar y Santillán, *Bibliografía Geo-*

189

titulada *Noticia y explicación del cometa descubierto al O. de México*, que nuestro profesor había observado "con gran trabajo y valiéndose de el telescopio". La noticia de éste fenómeno celeste apareció también en la *Gaceta de México*; incluía un dibujo del astro y la advertencia a los interesados de que no podría ser contemplado a simple vista.[4]

Sus impresos no lo sobrevivieron demasiado tiempo y sólo algunos de ellos han llegado hasta nosotros.[5] La labor astronómica que desempeñó data de principios de siglo ya que, en los años de 1713 y 1715, redactó dos lunarios que quedaron manuscritos y en los cuales se afirmaba que su autor era "exactísimo astrónomo".[6]

lógica y Minera de la República Mexicana, Imprenta y Fototipia de la Secretaría de Fomento, México, 1908, p. 150. Beristáin hace dos personas de nuestro autor: Juan Mendoza y Antonio Mendoza. El bibliógrafo Nicolás León sigue a Beristáin y también cae en el mismo error. Ver: Nicolás León, *Bibliografía Mexicana del siglo xviii*, Imprenta de Francisco Díaz de León, México, 1902-1908, vi, pp. 119-120.

[4] *Gacetas de México*, I, p. 37, abril de 1722.

[5] Sus obras impresas de que hay noticia son: *Almanak dispuesto por D. Juan Antonio de Mendoza y González para el año del Señor de 1723*, Imprenta Nueva Plantiniana de Juan Francisco de Ortega y Bonilla, México, 1723; *Spherographia de la obscuración de la Tierra en el eclipse de sol de 22 de marzo de 1727*, Joseph Bernardo de Hogal, México, 1727; *Método para corregir relojes*, México, 1728 y *Modo para desagüar Minas*, México, 1728. (Véase: José Toribio Medina, *La Imprenta en México*, (1539-1821), impreso en casa del autor, Santiago de Chile, 1911-1912, iv, pp. 195 y 238; Francisco González de Cosío, *La Imprenta en México (1553-1820)*, unam, México, 1952, p. 167.

[6] Estos manuscritos llevan por título: *Urania americana Septentrional del año 1713* (24 ff., 4º) y *Urania Americana Septentrional para el año presente de 1715* (20 ff., 4º). Véase: José

Nada más conocemos de este personaje salvo el hecho de que, preocupado al igual que otros de sus contemporáneos,[7] por el problema del desagüe de las minas,[8] ideó un arbitrio para solucionarlo y publicó sus resultados en un pequeño y raro libro de título: *Máquina para desaguar las minas.*

La razón de dar a las prensas una obra semejante la explica él mismo en el prólogo: la gravedad de las inundaciones en las minas y la insuficiencia de los métodos conocidos en Europa y adoptados en México para solucionar ese agudo problema. Estas son sus palabras:

> Para hacerme cargo de la grave dificultad del desagüe y portentosa máquina que requiere la extracción de las aguas y su elevación a tan estupenda altura, cuanta es la exuberante profundidad de las minas, necesitándose de un continuo efluvio que contenga en cierto término la perenne fluencia de los subterráneos veneros. No contento con la exagerada relación de los inteligentes, hice ocular inspección de ellas, de las máquinas y artificios que se practican en su beneficio y habiendo ejecutado aquí distintas de las que corren en la Europa, ninguna hallé competente para el desempeño.

Miguel Quintana, *La astrología en la Nueva España en el siglo XVII*, Bibliófilos Mexicanos, México, 1969, pp. 79-80.

[7] María del Carmen Velázquez, "¿Encontré al Marqués de Altamira?", *Diálogos*, 65, sept.-oct., 1975, pp. 23-26.

[8] Uno de los más graves problemas que afrontó la minería colonial durante los tres siglos de la dominación española fue el de las inundaciones que obligaban a abandonar los trabajos con grandes pérdidas para este renglón capital de la economía colonial. Véase: Elías Trabulse, "Los orígenes de la tecnología mexicana: el desagüe de minas en la Nueva España", *Ciencia* (1980), 31, 2, pp. 69-78.

El libro consta de dos secciones: una teórica y otra descriptiva e incluye una lámina ilustrativa.

La primera parte hace gala de la erudición científica de la época, plena de conceptos herméticos mezclados con tesis mecanicistas. Ahí explicó que concibió su invento al leer y conocer las teorías fisiológicas de Harvey acerca de la circulación de la sangre y del símil que hace este autor del corazón con una bomba aspirante-impelente.

Según el presbítero poblano, las bombas de desagüe podrían actuar con el agua que anegaba las minas del mismo modo que ese órgano lo hacía con la sangre en el torrente circulatorio. Para apoyar su tesis describió, en un barroquísimo lenguaje, el efecto de la presión atmosférica sobre los líquidos. Para ello acudió a la teoría cartesiana de los vórtices que, según él, podían explicar el vacío que se formaba en la columna de succión. A continuación y como complemento de lo anterior, pasó a explicar las teorías geológicas que aclaraban las causas de las filtraciones en las minas y que no eran otras que las expuestas por el jesuita Kircher en su *Mundus Subterraneus* y por Kaspar Schott en su *Anatomía Physico-Hydrostatica Fontium ac Fluminum*, a saber, que las violentas corrientes subterráneas provocadas por las precipitaciones pluviales tendían, en caso de no salir a la superficie y desembocar en el mar, a ocupar por simple gravedad los sitios más bajos y las oquedades naturales o artificiales donde quedaban en reposo.

En la segunda sección de su libro, nuestro autor describe en detalle el funcionamiento de su invento, así como de otros cinco arbitrios útiles a la minería que resultan de interés ya que son pocas las descripcio-

192

nes de este tipo de máquinas que han llegado hasta nosotros. Ellas son: el malacate, la de Kircher para moler minerales, la de Schroter-Lanis para ventilar minas, la bomba aspirante de Vitrubio y la bomba de sifón de Buenaventura Cavalieri. Sus críticas al malacate, utilizado comúnmente para desaguar minas, anteceden en cuarenta años a las de Alzate. Estimaba que se trataba de una máquina rudimentaria, digna de ser sustituida en todas las minas del virreinato y que resultaba "tan antigua como costosa y peligrosa" y cuyo uso tan difundido era la "causa del atraso y ruina de muchos caudales de esta Nueva España". Creía que si los mineros la utilizaban habitualmente era porque no conocían otro artificio mejor de desagüe.

Respecto de su propio invento afirmó que era una "máquina generalísima, simplísima y de poquísimo costo", y que le había valido un *privilegio* para su construcción y venta, concedido por el virrey marqués de Casafuerte. La labor de desagüe era continua y resultaba fácil de adaptar en todo tipo de tiros. La bomba de aspersión que describió era la variante de un antiguo invento utilizado para extraer agua de los pozos. Constaba de un pistón estrechamente ajustado al interior de un cilindro de cierta longitud. Al impeler el pistón hacia arriba por medio de un dispositivo conectado a una rueda catarina movida por una mula o caballo, se provocaba un vacío en la parte inferior del cilindro. El agua subía entonces por efecto de la presión atmosférica, aunque su fuerza ascendente era limitada.[9] Para lograr elevar el agua a una altura mayor recurría a las experiencias de Mersenne quien

[9] Federico Gillman, *Elementos de minería o labores de minas*, Gras y Compañía Editores, Madrid, 1885, pp. 140-149.

había logrado que el agua ascendiera a mayor altura a base de un émbolo que, desplazándose por un tubo de una pulgada de diámetro, provocaba un sifón continuo con capacidad para aspirar el agua desde unos 70 metros de profundidad. A efecto de lograr un desagüe más efectivo Mendoza aconsejaba agrupar en serie varios de estos sifones movidos por una rueda catarina más grande y con un mayor número de animales de tracción. De acuerdo con sus estimaciones, su bomba tenía capacidad de succión para elevar "un surco continuo de agua" a 16 metros de altura aunque estaba convencido que su potencia estaba calculada para succionarla hasta 250 metros.

Ignoramos si la máquina de Mendoza y González alguna vez funcionó; y si lo logró, es probable que su efectividad no haya sido muy grande. Sin embargo, la intención de su autor resulta de interés para la historia de la tecnología mexicana ya que, apoyándose en la ciencia de su época, conocida en la Nueva España, se atrevió a hacer una crítica de las técnicas tradicionales y a proponer otras nuevas. Si los resultados no fueron del todo satisfactorios, ello no invalida que el documento resulte de valía como un testimonio científico anterior a las obras del mismo género del periodo ilustrado pero que ya comparte con éstas algunas de sus preocupaciones. La obra de Mendoza, junto con las de otros autores de esa época, tales como Alexo de Orrio, Villaseñor y Sánchez, Saénz de Escobar, Alarcón, Cuevas Aguirre y Espinoza, Díaz de la Vega y Cristóbal de Guadalajara, entre otros, parece indicar que la inquietud científica continuaba viva en la primera mitad del siglo XVIII. Desde los tiempos de fray Diego Rodríguez o de Sigüenza y Góngora, en pleno

194

siglo XVII, hasta los ilustrados de la segunda mitad del XVIII, existe este enlace cronológico, esta continuidad de los estudios científicos novohispanos que no debemos subestimar. Ciertamente, el lenguaje de esos hombres de ciencia, aunque ya revela rasgos mecanicistas, todavía está mechado del hermetismo que caracterizó a algunas de nuestras obras de ciencia del siglo anterior. Ello explica que en la obra de Mendoza y González, junto a Mersenne, Descartes, Rohault, Cavalieri, y otros destacados representantes del mecanicismo veamos aparecer a Kircher, a Schott, a Lana-Terzi, a Dechales, y a muchos otros autores de la antigüedad clásica o del Renacimiento. Así aunque su obra tiene todavía conceptos tradicionalistas ya apunta elementos de la nueva mentalidad científica. Con esa ciencia, todavía preñada de pasado, fue que ese grupo de hombres hicieron la crítica de la ciencia y de la técnica de su época, del mismo modo que el mecanicismo de los científicos ilustrados del último tercio del siglo XVIII luchó contra las ideas tradicionales, algunas de las cuales eran herencia del grupo de científicos de la generación anterior, lo que no invalida que la labor crítica de estos últimos haya sido, en su momento, reflejo de la realidad científica que les tocó vivir. En cuanto al valor, en este contexto, de la obra de Mendoza y González diremos que se trata de una de las pocas obras consagradas a estudiar las técnicas del desagüe de minas impresas en el México colonial; y· que es una obra básicamente de ciencia aplicada que revela un ambiente científico que ya anuncia que los futuros adelantos técnicos estarían anclados en la difusión de conocimientos científicos y su aplicación directa a la realidad que se deseaba transformar.

X. ASPECTOS DE LA TECNOLOGÍA MINERA EN NUEVA ESPAÑA A FINALES DEL SIGLO XVIII *

En el último cuarto del siglo xviii la corona española realizó una de las más vigorosas tentativas de renovar las técnicas mineras novohispanas de extracción y beneficio de la plata, el más importante renglón de la economía de la colonia. Una larga secuela de disposiciones oficiales que apuntan en esa dirección corren de la visita de José de Gálvez a la creación y el establecimiento del Real Seminario de Minería. Entre todo este conjunto de medidas ocupa un lugar relevante dentro de la historia de la tecnología mexicana la labor realizada entre 1788 y 1798 por un grupo de ingenieros y metalurgistas alemanes encabezados por Fausto de Elhuyar, primer director del Seminario, en algunas regiones mineras del virreinato. La iniciativa oficial de enviar a este grupo de expertos partía de la base de que su presencia podía facilitar la introducción de las nuevas técnicas europeas de beneficio, o en su defecto el mejoramiento de las ya existentes, y ayudaría a un mejor laboreo de las mismas, principalmente en lo concerniente a la geometría subterránea. Sin embargo, era el primer aspecto el que más atraía la atención

* *Historia Mexicana*, vol. xxx, núm. 3, (119), ene-mar, 1981, pp. 311-357.

196

de los técnicos ya que, a partir de la publicación en 1786 de la obra metalúrgica del barón Ignaz von Börn, estos peritos, incluido Elhuyar, consideraron seriamente la posibilidad de introducir su método de beneficio en las minas argentíferas de México. En ese año Elhuyar afirmó que los resultados alcanzados por las técnicas de amalgamación propuestas por Börn mostraban un considerable ahorro de mercurio a la vez que acortaban notablemente el tiempo del proceso de beneficio empleado en América, todo lo cual reducía sensiblemente los costos de operación.[1] A todo ello venía a sumarse el hecho de que el método de "patio" era visto como un procedimiento imperfecto de beneficio ya que se perdían grandes cantidades de plata, lo cual podía impedirse con una técnica más moderna y precisa en sus operaciones como era la de Börn,[2] que inclusive permitía beneficiar menas de baja ley.[3]

[1] Fausto de Elhuyar: "Disertaciones metalúrgicas" (MS), citado en Modesto Bargalló, *La amalgamación de los minerales de plata en Hispanoamérica colonial*, Compañía Fundidora de Fierro y Acero de Monterrey, México, 1969, p. 521. *Vid.* también: Modesto Bargalló, "Las investigaciones de Fausto de Elhuyar sobre amalgamación de menas de plata", *Ciencia*, núm. XV, México, 1955, pp. 261-264; Antonio de Gálvez-Cañero y Alzola, *Apuntes biográficos de D. Fausto de Elhuyar y de Zubice*, Gráficas Reunidas, Madrid, 1933, *passim*.

[2] En la *Representación* de 1774 ya se menciona este problema de la plata contenida en los minerales y que por el proceso común de "patio" no alcanzaba a beneficiarse. *Vid.* Santiago Ramírez, *Datos para la historia del Colegio de Minería*, Imprenta del Gobierno Federal en el ex-Arzobispado, México, 1894, pp. 23, 25.

[3] Fausto de Elhuyar, "Reflexiones sobre el trabajo en las minas y operaciones de afinado en el real de Guanaxuato" (MS, 1789), reproducido en Walter Howe, *The mining guild of New*

A fin de llevar a efecto tan vasto plan de reformas técnicas (que se concebían como aplicables a toda la producción de metales preciosos de Hispanoamérica y no sólo de México),[4] llegaron a Veracruz con fecha 20 de agosto de 1788 once técnicos sajones, entre los que se encontraban los metalurgistas Federico Sonneschmidt, Francisco Fischer y Luis Lindner.[5] De inmediato se trasladaron a la ciudad de México donde Elhuyar les asignó los distritos mineros en los cuales laborarían, y que eran los de Guanajuato, Zacatecas y Taxco.[6] Por diversas razones no pudieron dirigirse a sus destinos hasta fines de octubre. El virrey Manuel Antonio Flores les brindó su apoyo, dando noticia de su presencia a los diversos reales de minas e informando a los mineros de los beneficios que podían lograr de la presencia de los expertos alemanes. Al mismo tiempo dio cuenta a la Corona de las medidas toma-

Spain and its Tribunal General 1770-1821, Greenwood Press, Nueva York, 1968, pp. 472-500.

[4] El proyecto inicial disponía que cuatro grupos de técnicos y beneficiadores alemanes se dirigiesen a México, Nueva Granada, Perú y Chile. El número de los integrantes de cada grupo se modificó posteriormente, así como el destino de los mismos, ya que los tres últimos grupos se fundieron en uno solo bajo las órdenes del barón Timoteo de Nordenflycht, quien se dirigió al Perú.

[5] Los otros miembros de esta expedición eran el ingeniero de minas Carlos Gotlieb Weinhold y los peritos mineros Juan Gotfried Vogel, Juan Samuel Suhr, Juan Samuel Schröeder, Carlos Gotlieb Schröeder, Juan Christof Schröeder, Juan Gotfried Adler y Carlos Gotfried Weinhold. Howe, *op. cit.*, pp. 307-309.

[6] La distribución quedó como sigue: Fischer y los tres Schröeder fueron a Guanajuato; Sonneschmidt, Suhr y Adler a Zacatecas y Sombrerete y Lindner, Vogel y los dos Weinhold a Taxco. Archivo General de la Nación (AGNM), *Minería*, vol. 48, exp. 7, núm. 53, f. 219.

198

das en relación con la expedición de metalurgistas, las
cuales fueron aprobadas con la solicitud de que se mantuviera al corriente al ministro de Indias de los progresos que se fueren logrando.[7]

La técnica de beneficio de Börn que los expertos alemanes iban a tratar de introducir en las minas mexicanas había probado su efectividad en los yacimientos
argentíferos alemanes. El proceso tenía bastantes ventajas sobre el tradicional método de amalagamación conocido como de "patio", sobre todo en lo referente al
tiempo de operación y al ahorro de mercurio, ya que
este último procedimiento tomaba de cinco semanas a
dos meses, según las condiciones de humedad y temperatura ambientales, mientras que el de Börn tardaba
entre dos horas y media y cuatro horas para la calcinación del mineral y alrededor de dieciocho horas para
la amalgamación, además de que rendía más plata y
permitía recuperar mayor cantidad de azogue.

En realidad, este método no resultaba tan novedoso como se pretendía ya que, como Elhuyar lo había
observado en 1787 y otros autores lo harían después,
no era sino una variante perfeccionada del llamado
método de *cazo y cocimiento* inventado por Álvaro
Alonso Barba hacía más de ciento cincuenta años.[8] El
procedimiento expuesto por Börn era el siguiente: se
tostaba previamente la mena, pulverizada con sal, en
un horno de reverbero; a continuación se introducía la
masa resultante en un tonel de madera donde se le
añadían el azogue, una gran cantidad de agua y pequeñas limaduras de hierro. El tonel de madera se ha

[7] Howe, *op. cit.*, pp. 307-309.

[8] Álvaro Alonso Barba, *Arte de los metales*, Viuda de Manuel
Fernández, Madrid, 1770, ff. 105-127.

cía girar horizontalmente conectado en serie con otros toneles movidos por lo general por fuerza hidráulica. Al finalizar la operación se separaba la amalgama y se destilaba el azogue para obtener la plata.[9] La sencillez del proceso y su conveniencia desde el punto de vista económico resultaban obvios, pero los resultados obtenidos en las minas mexicanas por los técnicos alemanes fueron prácticamente nulos.

Varias fueron las causas que concurrieron a hacer que el método de Börn no lograra aclimatarse en tierras novohispanas,[10] siendo las principales la carencia de combustible suficiente para llevar a cabo la primera fase del proceso, o sea la calcinación de los minerales pulverizados,[11] y la falta de fuerza motriz efecti-

[9] J. Arthur Phillips, *The mining and metallurgy of gold and silver*, E. and F. N. Spon, Londres, 1867, pp. 364-389. Este autor hace una detallada descripción del proceso y de las reacciones químicas que se efectuaban. En rigor, el método de cazo difiere en algunos puntos básicos del de Börn, pero ni Elhuyar ni Garcés y Eguía, ni Humboldt estaban en posibilidades de determinar la diferencia existente en el tipo de reacciones químicas que se llevaban a cabo en ambos procesos. En el método de cazo original (en un principio Börn utilizaría un cazo con molinetes, antes de decidirse por la mezcla en barriles) el ahorro del mercurio se debía a que el cloruro de plata (AgCl) que se formaba se reducía a expensas del cobre de los cazos donde se verificaba la amalgamación. Efectivamente, en este método los cloruros se reducen produciendo cloruro de cobre, cosa que no ocurre *strictu sensu* en los barriles de madera con el mercurio.

[10] En las minas sudamericanas la expedición de Nordenflycht no logró, más que en casos aislados, mejores resultados. *Vid.* Bargalló, *op. cit.*, p. 434.

[11] En el Perú, donde se practicaba el método de cazo de Barba, este impedimento no era serio ya que dicho método también especificaba la calcinación previa de los minerales. En 1787 Elhuyar había observado que el método de Börn, que no era otro

va y constante que permitiese mover todos los toneles necesarios para las grandes masas de mineral sacado a la superficie. Humboldt, quien ponderó largamente los logros y fracasos de los técnicos germanos, afirmó que el método de Börn, adecuado para los volúmenes extraídos de las minas de Freiberg, era inoperante en México, donde dichos volúmenes eran considerablemente mayores, lo que hacía imposible contar con los toneles necesarios para procesarlos y con la fuerza motriz para moverlos.[12] A todo ello había que añadir la tradicional resistencia de los mineros mexicanos a cualquier tipo de innovación tecnológica.[13] Tanto Sonnes-

que el de cazo, podía reintroducirse en América, pues afirmaba que los americanos lo habían olvidado. Es obvio que ignoraba que ese procedimiento era el practicado en Perú y que en México no podía ponerse en funcionamiento debido a la carencia de los combustibles necesarios para tostar las grandes cantidades de mineral que se procesaban. El sabio padre Alzate observó lo anterior en un artículo que publicó el 12 de febrero de 1788 en la *Gaceta de México* (Clement G. Motten, *Mexican silver and the enlightenment*, Octagon Books, Nueva York, 1972, p. 55). Garcés y Eguía afirmó a principios del siglo XIX que el beneficio de metales por fundición era poco practicado en México debido a la ausencia de combustibles. (Joseph Garcés y Eguía, *Nueva teórica y práctica del beneficio de los metales de oro y plata por fundición y amalgamación*, Mariano de Zúñiga y Ontiveros, México, 1802, p. 86.) Este hecho favoreció el que, al reducir la corona el precio del azogue, una mayor proporción de mineros optaran por la amalgamación. (David A. Brading, *Mineros y comerciantes en el México borbónico, 1763-1810*, Fondo de Cultura Económica, México, 1975, pp. 209 *ss.*)

[12] Alejandro de Humboldt, *Ensayo político sobre el Reino de la Nueva España*, Editorial Pedro Robredo, 1941, III, pp. 288-289.

[13] Conde de Revillagigedo, *Informe sobre las misiones* (1793) e *Instrucción reservada al marqués de Branciforte* (1794), In-

chmidt como Elhuyar, quienes lucharon afanosamente por introducir en Sombrerete el método de Börn, comprendieron que las condiciones de la minería mexicana hacían más aptos para el beneficio el método tradicional de "patio" ya que sus costos de operación eran sustancialmente menores, no requería fuerza hidráulica permanente, ni complicada maquinaria, podía prescindir de expertos y técnicos ya que operaba empíricamente según viejas fórmulas, y, además, contra lo que se había pensado, servía para beneficiar menas con bajo contenido argentífero.[14] En suma, como Elhuyar afirmó en diciembre de 1792 rectificando su anterior parecer, el método tradicional de amalgamación era el más apropiado para las minas mexicanas por su "sencillez, economía y exactitud".[15]

De hecho, desde mediados de 1790 parecía evidente que las tentativas de reformar los procedimientos de beneficios se habían topado con obstáculos insuperables. El 29 de octubre del año siguiente Revillagigedo envió a la Corona un primer informe bastante pesimista acerca de los logros de la expedición de meta-

troducción y notas de José Bravo Ugarte, JUS, México, 1966, núm. 499, p. 214; *Los virreyes de Nueva España en el reinado de Carlos IV*, dirección y estudio preliminar de José Antonio Calderón Quijano, Escuela de Estudios Hispanoamericanos, Sevilla, 1972, I, pp. 191 *ss.*

[14] Federico Sonneschmidt, *Tratado de amalgamación de Nueva España*, Galería de Bossange (padre), París — Librería de Bossange (padre), Antoran y Cía., México, 1825, pp. 91-93. En 1790 Alzate afirmó que por el método de patio habían logrado beneficiarse minerales que sólo contenían una, una y media o dos onzas de plata por quintal. (José Antonio Alzate, *Gacetas de literatura de México*, Hospital de San Pedro, Puebla, 1831, II, pp. 84-91.)

[15] Revillagigedo, *op. cit.*, núm. 506, p. 216.

lurgistas alemanes, en el cual comunicaba haber solicitado información más detallada a los diversos reales mineros donde habían laborado, para conocer con mayor precisión lo realizado. Apoyado en dichos datos prometía dar noticias más amplias. Los informes que recabó, y que habían sido redactados por los oficiales de los distritos mineros de Zacatecas, Taxco, Guanajuato y Oaxaca así como por personas competentes, fueron sometidos posteriormente a la opinión del director, del fiscal y del asesor del Tribunal de Minería, todo lo cual hizo que no fuese sino hasta el 20 de noviembre de 1793 que Revillagigedo pudo enviar al ministro de estado un segundo informe con el balance final de la expedición,[16] que para esas fechas había costado a la corona la suma de 403 209 pesos,[17] y cuyos resultados eran, en la práctica, bastantes pobres. El virrey anexaba a dicha carta los informes y dictámenes recabados que, según su parecer, eran difíciles de conciliar e inclusive resultaban contradictorios, y optaba por adherirse al dictamen del asesor Eusebio Bentura Beleña, que fue ratificado por el Tribunal de Minería y por la Junta Superior de Real Hacienda, el cual señalaba que los únicos beneficios aportados por el contingente de técnicos alemanes se reducían a una mejor labor de carpintería en las minas, al uso de herramientas más eficientes, y a un sistema novedoso y funcional de ventilación en los tiros. Respecto del método de Börn coincidía con Elhuyar en señalar la superioridad del método de "patio", aunque se reservaba una opinión definitiva hasta no conocer los resultados de los experimentos que se estaban todavía realizando para

16 Howe, *op. cit.*, pp. 315-316.
17 Revillagigedo, *op. cit.*, núm. 503, p. 215.

conocer a fondo las causas del fracaso,[18] lo que no fue óbice para que hiciera algunos elogios de la capacidad y conocimientos de los alemanes.[19]

Lamentablemente los informes de los diversos distritos mineros y los dictámenes del Tribunal de Minería están perdidos, y sólo existe la carta del virrey que anuncia la remisión de los mismos, hecho que nos impide conocer las disímiles y contradictorias opiniones emitidas por los oficiales y peritos consultados acerca del nuevo método de beneficio. Sin embargo, una valiosa excepción existe, y a ella dedicaremos algunos comentarios, ya que representa la única posibilidad real que tuvo el proceso de Börn de ser aceptado y utilizado con éxito en la Nueva España en el último decenio del siglo XVIII.

El 19 de agosto de 1791 la diputación minera de Real del Monte, en cumplimiento de una orden superior de Revillagigedo y del Tribunal de Minería, citaba a José Antonio Ribera Sánchez para que asistiese en su carácter de perito metalurgista a los experimentos que se realizarían con el fin de probar la efectividad de un nuevo invento para beneficiar plata y otros metales hecho por José Gil Barragán, cura y juez eclesiástico del citado real. El dictamen sobre la eficacia del invento había de ser remitido al virrey, quien a su vez lo turnaría al Tribunal para conocer su parecer.

Éste fue el origen de dos obras metalúrgicas datadas en 1792 que planteaban la posibilidad de una refor-

______

[18] Howe, *op. cit.*, pp. 315 *ss.*; *Los virreyes de Nueva España en el reinado de Carlos IV*, p. 192; Revillagigedo, *op. cit.*, núm. 485, pp. 212-213.

[19] Revillagigedo, *op. cit.*, núm. 504, pp. 215-216.

ma efectiva a la técnica tradicional de beneficio seguida en la Nueva España durante dos siglos y medio, y que se situaban cronológicamente entre los tratados de beneficio que exponían llanamente el sistema de amalgamación, tales como los de Ordoñez de Montalvo (1758), Moreno y Castro (1758), Gamboa (1761) y Sarría (1784), y aquellos que aportaban alguna novedad o exponían las posibles variantes del proceso, como son los de Garcés y Eguía (1802) y Sonneschmidt (1805).[20] El título de la primera de dichas obras es *Idea sucinta de metalurgia* y su autor fue el propio Ribera Sánchez, quien se sintió en la necesidad de escribir un tratado que sirviese de introducción teórica a la obra de Gil Barragán titulada *Nuevo descubrimiento de máquina y beneficio de metales por el de azogue.*[21] Aunque esta última lleva como autor al inventor, fue Ribera quien realmente se encargó de redactarla y enviarla al virrey junto con la suya.[22]

[20] Es digna de encomio la labor realizada por el Archivo General de la Nación, a través de su Departamento de Investigación y Localización de Documentos Históricos, en la búsqueda y adquisición de materiales científicos mexicanos de la época colonial y del siglo xix con los que ha enriquecido recientemente sus acervos.

[21] Se conservan en la biblioteca del AGNM, *Sección de manuscritos.* (En lo sucesivo se citarán respectivamente por los apellidos de sus autores.)

[22] Esto lo sabemos ya que la obra de Gil está escrita en tercera persona, y se alude a él con los nombres de "el cura", "el inventor", etc. En la p. 34 de dicha obra su autor, que no es otro que Ribera, dice expresamente: "fui nombrado por la diputación". Además es obvio que el redactor del MS conocía bien el invento y su funcionamiento. La descripción del mismo, que ocupa toda la obra de Gil, bien pudo haber sido dictada por

Poco sabemos acerca de los autores.[23] Ribera decía tener una experiencia de más de cuarenta años en los reales mineros de la Nueva España.[24] Era minero matriculado y titulado en mineralogía y metalurgia de acuerdo con lo establecido en las *Reales ordenanzas de minería*, lo que avalaba su capacidad como perito dictaminador.[25] Por las fechas en que la diputación de Real del Monte lo convocó para que observase en funcionamiento el invento de Gil, Ribera trabajaba en la mina de Santa María de Guadalupe en la sierra de El Nopal, situada al norte de dicho real. En el año de 1793 levantó un plano de la mina de San Rexis,[26] y

éste a Ribera, quien reelaboraría el manuscrito original dando cabida a las alusiones a Gil en tercera persona.

[23] Tanto las obras como sus autores son desconocidos de los repertorios bibliográficos de la época colonial. Tampoco hemos localizado copias de dichas obras en los repositorios documentales que conservan este tipo de materiales. Por otra parte, no deja de llamar la atención el hecho de que ni Garcés y Eguía, ni Sonneschmidt, que aluden aunque sea brevemente al proceso de Börn en México, hagan referencia a esta obra.

[24] José Antonio Ribera Sánchez, *Idea sucinta de metalurgia*, (1792), MS, en la Biblioteca del Archivo General de la Nación, *Sección de Manuscritos*.

[25] Ribera Sánchez, p. 30. En las *Reales ordenanzas de mine ría* se establecía claramente: "Todos los que hubieren trabajado más de un año una o muchas minas, expendiendo como dueños de ellas en todo o en parte su caudal, su industria o su personal diligencia y afán, serán matriculados por tales mineros de aquel lugar, asentándolos por sus nombres en el libro de matrículas que deberán tener el juez y escribano de aquella minería". *Reales ordenanzas para la dirección, régimen y gobierno del importante cuerpo de la minería de Nueva España y de su Real Tribunal General*, Madrid, 1783, título 2º, art. 2, p. 22. *Vid.* también: Howe, *op. cit.*, pp. 74-75.

[26] AGNM, *Minería*, vol. 77, exp. 1, f. 8.

en 1794 hizo otro de la de Guadalupe.[27] Respecto de Gil Barragán los datos son más escasos. Sabemos que era cura beneficiado de Real del Monte, experto en "física, química y maquinaria", y que para desarrollar su invento, en el cual laboró más de dos años, se dirigió al virrey Revillagigedo, quien lo estimuló y patrocinó.[28]

La *Idea sucinta de metalurgia* consta de una dedicatoria a Revillagigedo fechada el 12 de mayo de 1792 en la sierra de El Nopal, un prólogo, un preludio y veintiocho proposiciones, en tanto que el *Nuevo descubrimiento de máquina y beneficio de metales por el de azogue* está compuesto de dieciséis capítulos a los que en alguna ocasión se les pensó añadir algunos planos o croquis que en caso de ser impresa la obra pudieran ser útiles a aquellos que se interesasen en poner en funciones el invento. Gil llegó inclusive a hacer una petición expresa al virrey de que diera a las prensas las láminas que ilustraban el diseño de la maquinaria.[29]

Las razones que tuvo Ribera para dar una tan prolija descripción de la invención de Gil no eran otras que el deseo de ver en operación en gran escala un invento al que denominó inicialmente "máquina de barril", que en la práctica probó trabajar eficazmente en el beneficio de los metales por amalgamación,[30] y

[27] AGNM, *Minería*, vol. 77, exp. 5, f. 46.

[28] José Gil Barragán, *Nuevo descubrimiento de máquina y beneficio de metales por el de azogue* (1792), MS en la Biblioteca del Archivo General de la Nación, *Sección de Manuscritos*, p. 26.

[29] Gil Barragán, pp. 23, 27, 30.

[30] Ribera Sánchez, *Preludio*.

que en realidad, no era otro sino el de Börn modificado según los requerimientos y posibilidades de combustible y fuerza motriz de los reales mineros novohispanos. El científico español Antonio de Pineda, miembro de la expedición de Alejandro Malaspina, que recorrió a mediados de 1791 algunas zonas mineras del virreinato,[31] entre las que estaba Real del Monte,[32] vio trabajar la máquina y elaboró un amplio informe donde estudiaba el proceso de amalgamación por este método, sus rendimientos, y la posibilidad de extender su uso a todas las minas del reino.

Por otra parte, la variante de Gil Barragán al método de Börn fue realizada con base en las noticias que sobre el proceso de beneficio de este último difundió el virrey Flores por todos los reales de minas en 1788 a la llegada de los técnicos alemanes. Aunque ninguno de ellos fue comisionado expresamente a Real del Monte,[33] Sonneschmidt, en su viaje a Zacatecas y Sombrerete, se detuvo en Pachuca y Real del Monte durante algún tiempo, el suficiente para dar noticia del método del barón alemán y de su funcionamiento.[34] Éste fue el origen del invento de la máquina de Gil, que a lo largo de dos años (1790-1791) iba a sufrir varias modificaciones hasta llegar a la forma definitiva que aparece descrita en el manuscrito. Este últi-

[31] Agradezco la información acerca de los viajes de Pineda por el interior del virreinato, así como del itinerario preciso que siguió, a la señorita Virginia González Claverán de El Colegio de México.

[32] Antonio de Pineda, *Viaje desde México a Guanajuato con Rodeo por Zempoala, Pachuca y Real del Monte*, en Archivo del Museo Naval, Madrid, (AMNM), MS. 563, ff. 118r-121v.

[33] *Vid. supra.* nota 6.

[34] Gil Barragán, p. 2; Motten, *op. cit.*, p. 46-47.

mo modelo de máquina fue el que Gil comunicó al Tribunal de Minería y al virrey para su conocimiento, lo que originó la gestión de la diputación de Real del Monte y la convocatoria a Ribera para hacer experimentos con el invento ya perfeccionado. Gil fundaba su pretensión de que la máquina fuera aprobada por el Tribunal en el hecho de que las *Reales ordenanzas* de minería insistían en que todos los inventores de "máquinas, ingenios o arbitrios, operaciones o métodos", debían ser atendidos y estimulados en sus investigaciones y, de mostrarse su utilidad, podían ser premiados con el privilegio de su explotación de por vida, quedando a su juicio y consentimiento el autorizar a otros la explotación del invento.[35] De hecho, el mismo Gil, consciente de la importancia de su máquina, sugirió que el Tribunal y su Banco de Avío se preocupase por difundir el uso de ella en los diversos reales, aunque creía que de no contar con este apoyo, los mismos mineros podían dárselo en el momento en que se convencieran de la utilidad y provecho que les granjearía el adoptar ese proceso de beneficio.[36] Más aún, con cierta agudeza, no dudó en afirmar que su invento era de aplicación universal para los países de América y Europa,[37] lo que según él proporcionaría pingües beneficios económicos a la Corona, tal como sucedía en otros países. Al efecto dice:

No me parece fuera de el intento traer a colación la bella política de las naciones europeas. Un estuchito,

[35] *Reales ordenanzas de minería*, título 18, arts. 17, 18, 19, pp. 201-203.
[36] Gil Barragán, p. 31.
[37] Gil Barragán, pp. 21-26.

una pinturita, y cualesquiera otra bagatela de tejidos y labrados que inventa el vasallo de aquellos dominios, luego a el punto los toman los superiores bajo su protección para que salga a el público, y se propaga hasta nuestras Indias a fin de extraernos la onza de oro por la ochava de hilo entretejido y enlazado en los encajes de cartón, y lo demás que costea el lujo y la vanidad. De esto tenemos bastantes ejemplos en los cajones de mercería y bodegas llenas de vidrio que llaman abalorios, plomo, estaño, cobre, acero pavonado, hueso, papel pintado con artificio, plateados y bruñidos, y todo falso, siendo pues estos materiales el invento con que empobrecen a nuestra España, la vieja, la nueva y todas las Indias. Hacen muy bien de proteger a sus inventores. Yo les alabo el gusto, pues con esto ellos se engrandecen y nosotros nos disminuimos. Si todos los caudales empleados en estas fruslerías los empleásemos en la propagación y cultivo de nuestras minas, qué asombrosa y qué temible sería la potencia española de nuestro católico monarca que Dios le guarde.[38]

La tentativa de Gil resultó infructuosa ya que, a pesar del apoyo inicial que le brindó Revillagigedo, quien siguió de cerca sus progresos durante 1791 (visto el fracaso que para esas fechas ya se había experimentado con el método de Börn, no resulta extraño que el virrey abrigara algunas esperanzas respecto de la variante de Gil), el dictamen del Tribunal no resultó totalmente favorable. Un documento anónimo que permanece anexo a los manuscritos que aquí estudiamos, porta el título de *Reflexiones sobre la obra de minería que pretende imprimir don José Rivera.*[39]

[38] Gil Barragán, pp. 31-33.
[39] En las primeras páginas de su obra Ribera hace un elogio

210

Consiste básicamente en una censura de las teorías químicas y físicas con que Rivera quiso ilustrar en forma teórica el funcionamiento de la "máquina de barril" que, en realidad, no hacía sino poner en entredicho el invento. El dictaminador, a pesar de aprobar el "beneficio nuevo" ideado por Gil, por ser claro el ahorro en tiempo y mano de obra y por producir un mayor rendimiento en plata y en azogue recuperado, afirmó que las teorías químicas que lo sustentaban eran poco convincentes y que, lejos de favorecer al inventor, "enervan o debilitan la obra principal de Barragán, exponiéndola a la crítica de los facultativos y aun de los que no lo son". A pesar de ello recomendaba publicarla ampliando las descripciones de cómo operaba, ya que estimaba que podía ser útil a los mineros que deseaban rehabilitar minas abandonadas por incosteables, pues se había demostrado que con esa máquina podían beneficiarse provechosamente menas pobres. Pese a todo la obra no se imprimió y Revillagigedo conservó para sí el documento, acaso porque le atribuyó, justificadamente, un cierto valor científico. Al cesar su gestión lo llevó consigo a España junto con los demás volúmenes manuscritos bellamente encuadernados que había logrado reunir en su biblioteca.[40]

de Velázquez de León, "padre de las ciencias", y de Lassaga, "político estadista", así como de Carlos III por su decisión de crear el Real Tribunal de Minería, al cual llama "centro a donde corren los raudales de oro y plata que salen de nuestras minas..., fuente originaria de donde salen las copiosas corrientes de sus providencias a regar la tierra seca de los mineros necesitados". A pesar de esto el dictamen no le fue favorable.

[40] Uno de los aspectos interesantes y menos conocidos de la vida de este virrey es el concerniente a su biblioteca, ya que logró reunir una valiosa colección de manuscritos científicos novo-

Las obras metalúrgicas de Ribera y Gil Barragán tienen aspectos correlativos, íntimamente ligados entre sí. El primero es el aspecto teórico que fundamenta científicamente el invento de la "máquina de barril". El segundo es el técnico, es decir, el referente a su funcionamiento, capacidad y tiempo de operación. El tercero es el económico y concierne a los rendimientos, costos y utilidades que generaba. La base científica del invento esclarecía su manera de funcionar y su costeabilidad; de ahí que al estar debidamente fundamentados los procesos químicos que se llevaban a efecto podía lograrse una cuantificación más precisa y menos dispendiosa de los ingredientes y reactivos necesarios, con el consecuente ahorro en costos. A dichas obras las anima, pues, un deseo de alejarse de los procedimientos puramente empíricos que caracterizaban al método usual de "patio". Ambas intentaron mostrar que, desde los puntos de vista científico, técnico y económico, el invento operaba ventajosamente respecto de ese último método y era capaz de funcionar dentro de las limitaciones que le imponían las circunstancias del trabajo minero novohispano. Analizaremos por separado cada uno de esos tres aspectos.

hispanos. En fechas recientes 37 de estos volúmenes salieron a la venta. Algunos de ellos contienen diarios de los viajes al Pacífico norte que se llevaron a cabo en el último tercio del siglo XVIII. Otros versan sobre diversos asuntos científicos (como los de Ribera y Gil) y fueron elaborados por algunos de los más relevantes hombres de ciencia con los que Revillagigedo tuvo relación. Estos manuscritos fueron en la mayoría de las ocasiones preparados por estos sabios a solicitud del virrey, quien los conservó encuadernados en su biblioteca.

La *Idea sucinta de metalurgia* es un claro ejemplo de la idea que los científicos ilustrados tenían de la "ciencia aplicada", a la cual concebían como un conjunto de prácticas conectadas directamente e interpretadas por los conceptos de la "ciencia pura". Pocas son las técnicas de producción, aun las más empíricas, que no fueron en algún momento objeto de un cierto número de interpretaciones científicas tendientes a dilucidar, dentro de presupuestos teóricos más o menos modernos, la manera en que se llevaban a efecto los procesos productivos. Y es que dichos presupuestos teóricos fundamentaban en buena medida el aspecto económico ya que mostraban que los procedimientos podían mejorarse recortando los costos de operación y en consecuencia aumentando las utilidades. Su ciencia, por teórica que haya sido, tuvo casi siempre una finalidad pragmática y pocas veces fue puramente especulativa.

A principios del siglo xix Humboldt afirmó que los mineros mexicanos desconocían la naturaleza y el comportamiento de las sustancias utilizadas en el proceso de amalgamación y que por tanto eran incapaces de determinar el tipo de reacciones químicas que se efectuaban. Aunque la crítica no era del todo exacta, ya que Garcés y Eguía había intentado dilucidar los procesos químicos que ahí se verificaban, en general, la apreciación de Humboldt era justa. Además, este mismo parecer ya había sido externado una decena de años antes por el sabio Pineda en su visita a los reales mineros, cuando afirmó que los beneficiadores y metalurgistas estaban "destituidos de los principios y teo-

rías de la química, que deberían saber".[41] Sin embargo
una diferenciación es pertinente. La química a que
Humboldt y Pineda hacían alusión era la que todavía
na había recibido el hálito renovador de las teorías
de Lavoisier, es decir, la de los iatroquímicos y, sobre
todo, en lo referente ·a los procesos de combustión, la
de los adeptos a la teoría del flogisto. La química moderna penetró en México en el último decenio del siglo XVIII,[42] y de ahí que sea lógico que los viejos metalurgistas como Ribera Sánchez sostuvieron todavía en
1792 teorías que a los ojos de algunos de sus contem-

[41] Antonio de Pineda: "Método de beneficiar los metales en
Taxco", en AMNM, MS. 562, f. 99v. En 1789 Elhuyar, en sus
Reflexiones, había sostenido un punto de vista semejante.

[42] Es hacia 1793 cuando podemos datar con cierta precisión
la introducción de las nuevas teorías químicas en México. Fue
ese año en que se pronunció la notable "Oración" de apertura
al curso de botánica compuesta por Vicente Cervantes. Ahí se
hacía ya mención de las experiencias de Priestley, Hales, Chaptal
e Ingenhouz y se hablaba del anhidrido carbónico, del oxígeno y
del nitrógeno como gases diferenciados. Se exponían las experiencias de Cavendish acerca de los dos elementos que componen
el agua, el hidrógeno y el oxígeno, y se atribuían a este último
las propiedades de oxidación y, como entonces se creía erró-
neamente, de formar todos los ácidos. Cervantes y sus discí-
pulos ya conocían el *Traité elementaire de chimie* (1789) de
Lavoisier, y aplicaban normalmente los términos de la nueva
nomenclatura química. Podían clasificar ácidos, bases y sales.
Conocían además las reacciones que se podían realizar con ellos.
Habían eliminado además el concepto de "flogisto". *Vid.* Alzate, *op. cit.*, III, pp. 161 *ss.* Aunque en 1791 Pineda hizo
precisas descripciones químicas, de corte también moderno, al interpretar el proceso de amalgamación, sus obras quedaron manuscritas. Por lo demás, cabe decir que Alzate, Bartolache y
Montaña en algunos aspectos todavía sostenían tesis químicas
periclitadas y empleaban un lenguaje químico obsoleto.

214

poráneos parecerían ya obsoletas. Recuérdese que el dictaminador del Real Tribunal de Minería aseguraba que su obra en "lo físico y metalúrgico" tenía "no pocas equivocaciones". Veamos en qué se fundamentaba esta crítica.

La exposición de Ribera Sánchez se inicia con la descripción del primitivo beneficio de "patio" inventado por Bartolomé de Medina y las sucesivas modificaciones que sufrió. Algunas de las noticias que proporciona son interesantes:

Me acuerdo haber leído en mis primeros años un manuscrito de el año de 1535,[43] fecha en que Bartolomé de Medina descubrió el beneficio de azogue sin más ingrediente que la sal, cuyo beneficio tardaba cuasi de flota a flota en que hacían sus despachos. Después, por un acaso, descubrieron el magistral. No me acuerdo si fueron el capitán don Pedro Almaraz y su azoguero, o fueron otros. El caso es que, habiendo quemado metal de cobre en polvo con cierta cantidad de sal, después de bien quemado lo mojaron y le echaron azogue, el que inmediatamente se sublimó, y perdieron la esperanza, quedando aquel material por inútil; hasta que, con la ocasión de tenerlo en casa, usaron de él por vía de experimento en otros montones que no querían entrar en beneficio. Encontraron novedad y se hicieron ricos, quedando establecido hasta nuestros días que lo componemos de dos tantos de metal de

[43] Este dato es inexacto ya que las primeras experiencias de Medina pueden datarse hacia 1555. *Vid.* Silvio Zavala, "La amalgamación en la minería de la Nueva España", *Historia Mexicana*, xi: 3 (ene.-mar.), 1962, pp. 416-421; Luis Muro, "Bartolomé de Medina, introductor del beneficio de patio en Nueva España", *Historia Mexicana*, xiii: 4 (abr.-jun.), 1964, pp. 517-531; Bargalló, *op. cit.*, pp. 55-59.

cobre y uno de sal, y después de bien incorporado se quema en el horno hasta el grado que le reconoce el azoguero para usar de él.[44]

Afirmaba Ribera que los metalurgistas alemanes poco añadieron de novedoso a este viejo proceso, y que nada enseñaron respecto de su técnica que no se supiera desde muchos años antes en las minas novohispanas. Sus conocimientos acerca de las diversas etapas seguidas en el beneficio de "patio" le permitieron disertar con cierta amplitud acerca de la acción de los diversos ingredientes que se iban añadiendo a la mena. Conocía la acción de la sal y la posibilidad de recuperar parte de la misma después de finalizar el proceso. Atribuía al magistral un enorme efecto en la marcha del beneficio, hasta el punto de que, sin él, éste resultaría imposible de realizar. He aquí la descripción que hizo de esta sustancia:

Se compone, pues, como decimos, de metal de cobre. Éste por naturaleza es metal ígneo, esto es, *caliente*

[44] Ribera Sánchez, pp. 10-11. No deja de ser interesante su afirmación de que tuvo en sus manos y leyó un manuscrito metalúrgico de 1535 que describía el beneficio y mencionaba a su inventor (a pesar de que esa fecha es obviamente errónea). No obstante lo cual, es obvio que muchas de las noticias históricas que disemina a lo largo de su obra están tomadas directamente del *Memorial* de Díaz de la Calle, del *Arte de los metales* de Barba y de los *Comentarios* de Gamboa. La atribución a Pedro Almaraz de la introducción del magistral cobrizo en el proceso es novedosa. Es sabido, por otra parte, que debió de empezar a aplicarse en el beneficio hacia finales del siglo XVI, ya que los primeros autores que describen el proceso no hacen alusión de este nuevo ingrediente. Para una sucinta descripción de las etapas del beneficio de "patio", *vid.* Bargalló, *op. cit.*, pp. 445-448.

216

y reseco. Lo domina el azufre en su esencia, y en sus accidentes la alcaparrosa, de que abunda a las vueltas o superficie de él. Pues como los espíritus vitriólicos de la alcaparrosa son precisamente ácidos corrosivos salíneos, se disuelven en el agua y se decrepitan en el fuego, esto es, se refinan y se aumentan, y a el favor de los espíritus sulfúreos de el azufre que vienen con aquéllos hacen maridaje entre ambos espíritus en el acto mismo de la quema. Esto es, a el favor de el fuego material arden los azufres y por consiguiente la alcaparrosa que va con él, de que resulta un cuerpo material absorbente que se impregna o llena de fuego material todo el tiempo que dura la quema, y luego que sale de el horno pierde la *material virtud de el fuego*, y le quedan los espíritus de el azufre todo el tiempo que se mantiene seco; pero luego que le toca la humedad o le cae el agua se disuelve la alcaparrosa desatándose las partículas de el material en cuyo acto resulta la efervescencia o exaltación que se verifica en el rescoldo cuando le echamos agua, que no tiene fuego material pero que aún conserva los espíritus de el fuego que lo calentaron.[45]

Conocía el efecto del *tequesquite* en el beneficio por fundición y la acción de la ceniza y la cal en el de amalgama.[46] Sin embargo, es al mercurio al que dedicó la mayor parte de su descripción del proceso quí-

[45] Ribera Sánchez, pp. 11-12. Las cursivas son nuestras.

[46] Ribera Sánchez, p. 9. Es interesante su referencia al *tequesquite* antes de que apareciera impresa la obra de Garcés: "Las otras sales —escribe—, esto es, las alcalinas de el *tequesquite*, los vegetales y todos los cuerpos lexialinosos, tienen la misma virtud de limpiar la plata, disolviéndole los malos humores de los medios minerales". Se refieren a la acción del carbonato y bicarbonato de sodio que forman sosa en presencia de bases fuertes como el $Ca(OH)_2$.

mico, por ser el ingrediente fundamental. Al efecto
dijo:

> . . .no me parece mal llamarle a el azogue la agua de
> los metales o el imán de todos ellos, que así como
> aquella piedra mineral se mantiene con el fierro, éste
> con todos, por *natural propensión contraída de su ori-
> gen como medio mineral el más noble,* cuyos efectos
> son los más interesantes. Su naturaleza la más elásti-
> ca. El ambiente lo empaña. *La precipitación más leve
> lo subdivide en infinitas partículas esféricas.* Puesto a
> el fuego se convierte en humo y se volatiliza, pero si
> topa con el agua o la humedad se reúne y se incor-
> pora con nuevos resplandores de su origen; por lo que
> me parece el títere de los químicos que diariamente jue-
> gan con él haciendo sus trasmutaciones de rubros, so-
> limán y otras composiciones útiles a la humana salud.[47]

Tanto la descripción del magistral como ésta del mercurio arrojan suficiente luz sobre las ideas químicas de
Ribera, adicto todavía a fines del siglo XVIII a las teorías iatroquímicas de Paracelso y creyente en sus tres
principios espagíricos.[48] Mucha de la literatura quimi-
cometalúrgica de la Nueva España estuvo fuertemente influida por dichos conceptos, lo que impidió que
se llegara a una mejor interpretación de los procesos
reales que se llevaban a cabo en el beneficio de la plata. Para Ribera, como para otros de sus contemporáneos, el azufre determinaba la inflamabilidad y la mu-
tabilidad química de los cuerpos, el mercurio la unión

[47] Ribera Sánchez, pp. 7-8. Las cursivas son nuestras.
[48] J. R. Partington, *A short history of chemistry,* Harper and
Brothers, Nueva York, 1960, pp. 41-89.

218

entre ellos, y la sal la estabilidad y la resistencia al fuego. Estos tres principios sobrevivieron hasta fines del siglo XVIII, en que apareció y fue conocida y traducida en México la obra de Lavoisier, con lo que se abrió la puerta a una nueva interpretación no sólo cualitativa sino también cuantitativa.[49] Pero nuestro metalurgista todavía acudía a los conceptos anteriores, tales como los de "simpatía y antipatía" y de "frío, caliente, húmero y seco". Desconocía el concepto de "afinidad" y el de "reacción"; de ahí que pudiera atribuirles esas facultades de combinarse, múltiples y casi milagrosas, al mercurio y al magistral. La idea de "compuesto químico", como diferenciado de una simple "mezcla mecánica" de dos sustancias no aparecía en sus escritos, lo que le permitía hablar de "trasmutaciones" y "sublimaciones", hecho que le imprime un fuerte tono alquimista a su obra, saturada como está de concepciones arcaicas. Más aún, su idea de la combustión se enmarcaba dentro de los presupuestos de la teoría del flogisto, al que aludió expresamente en varias ocasiones,[50] lo que lo llevó a concebir al fuego como una materia capaz de introducirse en los cuerpos combustibles, de tal manera que la combustión resultaba ser un simple proceso de descomposición acompañada de la pérdida de una sustancia (el flogisto) y

[49] Ribera parece desconocer la noción de "elemento" propuesta por Robert Boyle hacía más de cien años, a pesar de que otros autores novohispanos ya habían aludido a este concepto unos cincuenta años antes. Sin embargo, sus teorías acerca de la combustión y de la calcinación de los metales (y en particular su adhesión a la teoría del flogisto), sí hallan su origen en las teorías del químico inglés.

[50] Ribera Sánchez, pp. 4, 14-15, 31-32.

no una combinación que entrañara la ganancia de materia.[51]

A pesar de todo lo anterior, Ribera, como muchos de nuestros científicos ilustrados, no dudó en hacer entusiastas elogios de la ciencia moderna y de su soporte, el método experimental, a la par que afirmaba la tesis de no aceptar nunca lo no comprobado o lo que no hubiera sido tamizado por la crítica.[52] Esta situación, por paradójica que parezca, se dio a menudo entre nuestros científicos de la segunda mitad del siglo xviii que proclamaban su fe en la ciencia moderna y en sus métodos mientras sustentaban teorías ya periclitadas, que de haber sido sometidas a las experiencias de laboratorio que ellos propugnaban, hubiera mostrado su inoperancia, pero que, por otra parte y desde el punto de vista de la "ciencia aplicada" (o sea en la práctica productiva en gran escala como era el caso de la

[51] Por extraño que pueda parecer, el estudio de la introducción de la química moderna en México puede ser un índice adecuado para conocer hasta qué punto las teorías de la mecánica newtoniana habían sido aceptadas. En efecto, el hecho de que un científico como Ribera (o incluso como Alzate) aceptaran la hipótesis de que existe un cuerpo o sustancia (el flogisto) *totalmente ligero*, es decir *despojado de peso y cuya pérdida paradójicamente hacía más pesados a los cuerpos* (como ocurría en en la calcinación de los metales) iba en manifiesta oposición a las teorías mecanicistas, cuyo carácter cuantitativo aplicado a la química permitió afirmar, que, si en la calcinación los metales ganaban peso, era porque se combinaban con otro cuerpo, y no porque perdía un elemento imponderable no sujeto a las leyes de la mecánica gravitacional. En el estudio de la difusión de la ciencia moderna de México parece necesario relacionar ambas teorías a efecto de lograr una mejor comprensión de su mutua dependencia.

[52] Ribera Sánchez, pp. 1-3.

metalurgia de la plata) operaban ventajosamente siguiendo las técnicas ancestrales. Además, por los precisos conocimientos empíricos que dichos científicos,
tales como Ribera, poseían en referencia por ejemplo
a los volúmenes de los reactivos que era necesario utilizar para obtener rendimientos óptimos, se diría que
sus teorías, por antiguas que fuesen, eran las correctas
y no las nuevas interpretaciones químicas que, llevadas a la práctica, no daban resultados tan satisfactorios. Nada propició más la pervivencia del método de
"patio", a la vez que desalentó los estudios de química teórica acerca del mismo, que la concluyente e ilustrativa afirmación hecha por el mismo Ribera, quien
expresó lacónicamente: "La naturaleza misma nos ha
enseñado la docimasia metódica del azogue".[53] Sin embargo, como ya vimos, fue por el hecho de dar una
interpretación teórica errónea (por arcaica) que el censor del Tribunal rechazó la obra de Ribera, aunque
recomendara el invento de Gil. De haber podido éste
último anexar una interpretación química más moderna es indudable que su obra hubiese sido aprobada y
acaso inclusive impresa como estaba previsto. Pero no
fue así. Ahora bien, esta descripción moderna del proceso químico que nunca pudo ser hecha por Ribera
la llevó a cabo, como ya dijimos, Antonio de Pineda,
durante su viaje por los reales mineros de la Nueva
España.[54] Ésta hubiera sido sin duda la introducción

[53] Ribera Sánchez, p. 17.

[54] Antonio de Pineda, "Método de beneficiar los metales en
Taxco", AMNM, MS. 562, ff. 99r-101v; "Método de beneficiar
por fuego en el Real del Monte", AMNM, MS. 562, ff. 101v-
101v bis; "Método de beneficiar los metales por el fuego en
Zimapán", AMNM, MS. 562, ff. 101v- bis-103r. *Vid. supra*,
nota 32.

teórica adecuada a la obra de Gil. En ella Pineda recorrió las etapas del procedimiento de amalgamación y de fundición, y expuso las reacciones químicas que supuso se verificaban en ellos, adelantándose en más de diez años a los trabajos sobre este asunto de Sonneschmidt y de Humboldt.[55] Asimismo, se percató del enorme ahorro que representaba el invento de Gil al eliminar varios de los pasos intermedios, y observó que

[55] Pineda, quien cita entre otros a Priestley y a Lavoisier, concuerda en señalar que la mena de plata reacciona con la sal y el magistral en presencia del mercurio para formar la amalgama, dando sulfuro de cobre y sulfato de cobre como subproductos. Bargalló ha dilucidado este proceso de la siguiente forma:

$$CuSO_4 + 2NaCl \longrightarrow CuCl_2 + Na_2SO_4$$

$$CuCl_2 + Ag_2S \longrightarrow 2AgCl + CuS$$

$$2AgCl + nHg \longrightarrow Ag_2Hg_{n-2} + Hg_2Cl_2$$
$$\text{(amalgama)}$$

P. J. Bakewell duda de este cuerpo de reacciones, ya que piensa que el magistral es sulfuro de cobre o cúprico (Cu_2S) [en realidad se trataría en todo caso de sulfato ($CuSO_4$) como dice Bargalló]. Sin embargo, Bakewell no se percata de que, para los efectos de la reacción, la acción del sulfuro sobre la sal produce $CuCl_2$, del mismo modo que si se utilizara $CuSO_4$ como reactivo. El subproducto puede ser Na_2S o Na_2SO_4, aunque es obvio que en ciertas condiciones el primero podría sufrir un proceso de oxidación para transformarse en sulfato:

$$Na_2S + 2O_2 \xrightarrow{Fe_2O_3} Na_2SO_4$$

Vid. Modesto Bargalló, *La minería y la metalurgia en la América española durante la época colonial*, México, Fondo de Cultura Económica, 1955, pp. 194-195; P. J. Bakewell, *Silver mining and society in colonial Mexico —Zacatecas— 1546-1700*, Cambridge, Cambridge University Press, 1971, p. 144, n. l. En la traducción española de esta obra se llega incluso a confundir los sulfuros con los sulfitos en la descripción de estas reacciones.

el proceso de transformación en el barril de la mena
de plata en cloruro se aceleraba enormemente al utilizar el hierro como catalizador, lo que propiciaba a su
vez la formación más rápida de la amalgama. En
suma, la sanción teórica de la efectividad del invento
de Gil la dio esta interpretación del proceso de amalgamación tal como se realizaba en Real del Monte en
las fechas en que los mineros alemanes intentaban introducir en otros sitios el método de Börn. Analice-
mos ahora en qué consistía dicho invento y su forma
de operar.

ASPECTO TÉCNICO: EL FUNCIONAMIENTO

Al iniciar la descripción de su "nuevo invento", Gil Barragán refirió cómo llegaron a Real del Monte los informes acerca del método de Börn e hizo una sucinta
evaluación sobre el mismo:

> Llegaron a este real las noticias que corrían por el mun-
> do de aquel invento que descubrió el conde de Worne
> en los dominios de Alemania, y se reduce a poner la
> masa mineral dentro de barriles puestos en tal arte que
> pudiesen dar vueltas, con cuyo movimiento consiguió
> cierta revolución que asimilase remotamente la frica-
> ción de los repasos. Bien conoció el de Worne que
> sin la fricación no se podía verificar la separación de
> la plata al mismo tiempo que, tropezando el mercurio
> con ella, uniese entre ambos.[56]

Como ya dijimos, la difusión del método del barón
alemán fue amplia, ya que inclusive se hicieron circu-

[56] Gil Barragán, pp. 1-2. *Vid. supra*, nota 34.

lar manuscritas diversas copias que explicaban su funcionamiento.[57] A Gil le facilitó una de dichas copias José Belio, minero de Real del Monte, quien la había recibido de Sebastián de Eguía en la ciudad de México. Después de haberlo estudiado, Gil se percató tanto de su importancia como de sus limitaciones, las cuales quedaron reseñadas en los siguientes términos:

> ...habiendo leído y reflexado conoció altamente que el espíritu y método de Worne se dirige precisamente a sacar plata por medio de aquél su invento, pero que no reflexó para establecerlo por mayor sobre un beneficio vasto y capaz de rendir infinito número de quintales como los que se benefician anualmente en este reino. Debía haber proyectado máquinas simples, multiplicativas, de pocos costos, fáciles y proporcionadas a todos los reales comprendidos en el mundo, de modo que cualquier carpintero las pudiese construir para el provecho de todos.[58]

Así, con el propósito de adaptar este valioso invento a las necesidades de la Nueva España, Gil decidió aprovechar algunas innovaciones del método de Börn y deshechar otras, aquéllas que aquí resultaban impracticables y que fueron la causa del fracaso de dicha técnica. Gil eliminó la tostación previa de la mena, que era un obstáculo insuperable en los reales mineros escasos de combustible, es decir, conservó el procedimiento "en frío" que caracterizaba al método tradicional novohispano de amalgamación.[59] Sugirió en cambio, continuar con la trituración de los minerales como

[57] *Vid. supra*, nota 34.
[58] Gil Barragán, p. 3.
[59] *Vid. supra*, nota 30.

paso previo a la "fricación", es decir, al tratamiento químico por agitación de la mena con los reactivos. En realidad, la base del invento de Börn, o sea, el poner en contacto permanente e intensivo las sustancias que intervenían en el proceso de amalgamación, con lo que estimulaba catalíticamente las reacciones, fue aprovechado íntegramente por Gil, quien conservó las tres etapas establecidas por el barón alemán, a saber: mezclar, revolver y "fricar" (que tiene la acepción de friccionar activamente unos contra otros los materiales del proceso) los minerales en un nuevo aparato menos costoso y más funcional. El sistema de Gil, como el de Börn, sintetizaba en uno los seis pasos intermedios del proceso, es decir: ensalmorado, curtido, incorporo, repasos, cebados y rendido, conservando sólo la molienda previa y el lavado final.[60]

La máquina original ideada por Gil, que sufrió posteriormente varias modificaciones, utilizaba un barril que rotaba por medio de un malacate acoplado. Una sucinta descripción de este primitivo arbitrio y de su funcionamiento y rendimientos aparece en el manuscrito en los siguientes términos:

Luego que vio el inventor la pella por medio de una operación tan simple de sólo metal, azogue y sal se determinó a seguir los experimentos con más formalidad, y para su efecto se le presentó a la imaginativa el malacate de nuestras minas, máquina que se compone (hablando en los términos comunes de nuestro

[60] Garcés y Eguía, *op. cit.*, pp. 83 *ss.*; Sonneschmidt, *op. cit.*, pp. 1-51; Francisco Javier de Gamboa, *Comentarios a las ordenanzas de minas*, Díaz de León y White, México, 1874, pp. 250-267; Humboldt, *op. cit.*, III, pp. 272-288; Phillips, *op. cit.*, pp. 321-358 (analiza las reacciones del proceso).

uso) de largueros, barrotes, crucetas, medianillos, peón, algualdra, esteos, etc. Esta invencible máquina, simple en su espíritu y compuesta en su modo, le sirvió de modelo para formar un malacatillo pequeño, pero compuesto de todas sus partes. Tomó un barril común de caldos, puso un tejuelo o punto de apoyo en el centro de el fondo, donde afirmó el guijo de el peoncillo, en cuya extremidad centro superior de él le puso una manezuela para moverlo, y probó su movimiento con acierto de sus pensamientos. Construida y probada esta máquina procedió a los ensayos bajo las reglas y preceptos de la física experimental que no deja duda en todos los ramos que comprende, por lo que, queriéndose imponer de el tiempo, de el gasto y ley de los metales, pesó a fiel de balanza dos arrobas de metal y dos libras de sal común, mojó las dos cantidades hasta dejarlas en torno de saldo espeso, cuya materia la echó en su barril, y con la muestra en la mano, para apuntar la hora en que comenzó a flotar su malacatillo, cuyo movimiento siguió sin parar hasta las veinte horas, que pesó dos arrobas de azogue, que le incorporó a su metal. Siguió la operación de el movimiento con azogue hasta las cuatro horas cabales, que lavó su ensaye y le resultaron cinco onzas de plata pella bien exprimida que corresponden a dos onzas por quintal de un metal que, por el beneficio común, le estaban sacando a onza y media.[61]

Gil dio aviso de su invento, con lo que varios mineros del área donde trabajaba le presentaron muestras de metales de diferentes leyes con las que realizó pruebas que resultaron también positivas. Esto lo llevó a construir una máquina de rotación con malacates de

[61] Gil Barragán, pp. 5-7.

mayores dimensiones. Éste es el relato de cómo lo llevó a efecto:

Acopió maderas, llamó carpinteros y formó su primera máquina grande, conformándose con el espíritu de el rodaje y componiéndola de una rueda corona, dos catarinas y un piñón, siendo la corona la rueda grande motora de la primera catarina, y ésta de la segunda, la que engranó con el piñón que puso a el peón de el malacate, formado en la misma perfección de el que experimentó en el barril a distinción de mayor tamaño, de modo que llenase todo el diámetro de la tina, que fue de vara y media y dos de alto. A el peón de la rueda corona le puso su espeque, correspondiente a su radio, en cuya extremidad o punta afirmó las tiraderas de la bestia que hizo tiro para mover la máquina, compuesta de las demás partes de ella como son esteos, algualdra, cruces, etc. Igualmente la tina bien ensamblada, cinchada con cinchos de fierro y puesta sobre su baza firme, para que pudiese recibir lo menos treinta quintales de metal, con más el grave del azogue. Acabada a toda perfección la máquina probó su movimiento y tuvo notables efectos la velocidad de el malacate, tan rápido, que fijando la vista en él se perdía, nublándose a el parecer.[62]

En las pruebas preliminares llevadas a cabo con esta máquina Gil se percató del problema que representaba hacer rotar esa enorme masa mineral a base de un sistema de malacate. La fuerza motriz animal resultaba insuficiente, además de que las ruedas catarinas y los piñones se forzaban grandemente, tanto por el peso del mineral como por el sistema de transmisión mo-

[62] Gil Barragán, pp. 8-10.

triz empleado.[63] Todo esto lo llevó a diseñar un nuevo modelo y para construirlo contrató los servicios de un diestro carpintero de Atotonilco el Grande y arrendó una hacienda de "rastras o tahonas" abandonada, donde llevó a cabo sus experimentos.

La nueva "tina de molinetes", como su autor la llamó, constaba de una serie de aspas en cruceta que rotaban dentro de una tinaja cilíndrica de aproximadamente 1.3 metros de diámetro por uno de altura, donde se introducía la mena y los reactivos con suficiente agua. El sistema podía conectarse en series de ocho, doce y veinticuatro tinajas movidas, gracias a un ingenioso sistema de transmisión, por uno o dos caballos únicamente, aunque había sido tambén concebida para ser usada en reales mineros que dispusieron de fuerza hidráulica. En este último caso se podía incluso emplear un regulador de velocidad, que era una especie de reductor acoplado al eje de transmisión, colocado horizontalmente.[64] Cada tina tenía capacidad para quince quintales, de tal manera que, en una serie de doce, podían beneficiarse unos nueve mil kilogramos de mineral, es decir unos seis "montones", utilizando un solo caballo en la tracción y en un lapso máximo de treinta horas. La sencillez del diseño y la simplicidad de su operación eran notables. Ribera calculó que si el eje central de la transmisión giraba a un ritmo de unas vein-

---

[63] Gil Barragán, pp. 10-11.

[64] Gil Barragán, pp. 11-15. Gil pensaba que el sistema de tracción animal podía utilizarse en Zacatecas, Guanajuato, Fresnillo, Potosí, Catorce y Mazapil, mientras que el sistema hidráulico podría adoptarse en los "reales del sur": Temascaltepec, Taxco, Tempantitlán, Zacualpan y Tlalpujahua. Este sistema podía ser utilizado también en el distrito minero de Pachuca.

228

te vueltas por minuto, los molinetes darían 14 400 vueltas por hora por el sistema de transmisión ideado por Gil, aumentando considerablemene la "fricación" de los minerales y los reactivos, hasta un grado inimaginable dentro del sistema tradicional de "repasos".[65] Por otro lado, varias eran las circunstancias que podían acelerar el proceso de la amalgamación a efecto de reducir hasta en diez horas el tiempo de operación continua. Una era el uso de los catalizadores habituales, administrados después de iniciado el proceso, y el otro era el uso del calor. Ribera observó que el aumento en la temperatura ayudaba a acelerar el procedimiento de amalagamación dentro de las tinajas, lo que permitía también beneficiar menas de bajo contenido argentífero e incluso de otros metales incluido el oro.

Varios expertos que la vieron trabajar, entre los que estaba Cristobal Mendoza, de quien se nos dice que era "instruido en las ciencias de física, maquinaria y los demás ramos de las matemáticas", afirmaron que podía funcionar en serie con facilidad.[66] Otros, como Pineda, aseguraron no haber visto una máquina semejante, tanto por su sencillez de funcionamiento como por sus rendimientos.[67] Este sabio esbozó un croquis del aparato de Gil y lo envió a España junto con los

[65] Gil Barragán, pp. 20-21.
[66] Gil Barragán, p. 17.
[67] Gil Barragán, p. 16. Pineda había viajado por Perú y había sido testigo del fracaso de las tentativas de Nordenflycht. Le sorprendió el ver que la variante de Gil a base de molinetes, que "no encuentran resistencia en los metales por estar fluidos y porque se mueven sobre un punto fijo con toda libertad", sí operaba, siendo como era básicamente igual a la máquina propuesta por Börn.

muchos otros dibujos y diagramas que reunió en su viaje americano.[68] Las pruebas realizadas poco tiempo después por Ribera y los comisionados no hicieron sino confirmar estos pareceres.

ASPECTO ECONÓMICO: RENDIMIENTOS, COSTOS
Y UTILIDADES

El jueves 25 de agosto de 1791 Ribera dio comienzo oficialmente a los experimentos ordenados por Revillagigedo para probar la efectividad del invento. El día 29 se le entregaron a Gil cuatro "montones" de mineral provenientes de diversos reales mineros y de los cuales Ribera conservó la mitad exacta de cada uno a efecto de procesarlos paralelamente por el viejo método, lo que hizo que las pruebas duraran casi tres meses ya que los primeros incorporos, que se realizaron con el mineral tratado a la manera tradicional, no se hicieron sino hasta el 7 de septiembre y los últimos lavados hasta el 22 de noviembre. Pese a que la primera prueba hecha por Gil fracasó, pues los molinetes sufrieron un desperfecto, los siguientes ensayes sí se lle-

68 Pineda en sus viajes realizó múltiples esquemas y dibujos de todo lo que le parecía de interés dentro de la botánica, la zoología, la geología, la metalurgia, etc., aunque algunos de ellos no pasan de ser meros esbozos. *Vid.* AGNM, *Historia*, vol. 277, ff. 180-181. Entre las relaciones de planos y dibujos que ahí se describen se da noticia de "trece láminas de diversas vistas y planos de máquinas de la expedición de Pineda a Guanajuato", que acaso contuvieran el croquis del aparato de Gil. El documento está datado en mayo de 1792, o sea unos nueve meses después de su visita a Real del Monte.

230

varon a cabo satisfactoriamente no obstante que los minerales ensayados no eran de buena ley.[69]

Gil era consciente de que el único argumento válido para probar la efectividad de su invento eran las experiencias cuantitativas que mostraron sus ventajas en el ahorro de materias primas y de tiempo así como en los volúmenes de plata obtenidos. Para demostrar esto había que comparar los rendimientos y el tiempo de operación empleado tanto por su método como por el método de "patio" en sendas pruebas realizadas sobre iguales volúmenes de un mismo tipo de mineral. Varios eran los renglones que había que cuantificar, a saber: tiempo ahorrado al eliminar las seis etapas intermedias del proceso de "patio", ahorro en mano de obra en la sustitución de los repasos, ahorro en sal, magistral y azogue, y por último, valor de la plata obtenida.

Los resultados que obtuvo fueron los siguientes. Por el método de "patio" fueron gastados veinticinco pesos con dos reales y medio en los repasos realizados en los cuatro montones de la prueba, lo que le dio un valor promedio de seis pesos con dos reales y $^5/_8$ por montón. A este valor le rebajó dos pesos con dos reales y $^5/_8$ de los gastos de operación comunes a uno y otro método (uso de fuerza animal y forraje) lo que le dio como resultado cuatro pesos netos por montón, o sea dieciséis pesos por los cuatro montones. Este valor se ahorraba íntegro en el procedimiento de Gil. Ahora bien, según este autor en los distritos mineros de Pachuca, Real del Monte, el Chico, Capula y Santa Rosa se beneficiaban cuatrocientos montones quin-

69 Gil Barragán, pp. 31-38.

cenales, lo que originaba un gasto, por repasos únicamente, de 3 200 pesos mensuales, es decir, 38 400 pesos anuales en sólo esos cinco reales mineros.[70] En cuanto al tiempo ahorrado, la gran diferencia existente entre las treinta horas del método de Gil y el mes y medio o dos meses del de "patio" (tiempo necesario para las seis etapas intermedias), era suficiente para acreditar como superior al primero.[71] Por otra parte, la eliminación de los repasos permitía que los repasadores empleados en los patios y galeras se trasladaran a las minas, donde, según Gil, había "falta de gente operaria":

> ...pues es visto en este real y en todos la escasez de ellos, y más en las minas que están en pura faena, donde no hay buscas que llaman al partido de metal cuando la mina está en bonanza, en las que sobra gente de todas castas.[72]

En cuanto al ahorro de materias primas, los resultados fueron semejantes. Por el método de "patio" se consumieron en los cuatro montones ocho arrobas con ocho libras de sal de mar, doce arrobas de sal "mexi-

[70] Gil Barragán, pp. 34-35. Algunos de los valores aquí utilizados y sus equivalencias son:

a) Equivalencias monetarias:

    1 peso (duro) = 8 reales de plata

b) Equivalencias en medidas de peso:

    1 marco   = 8 onzas
    1 quintal = 4 arrobas = 46 kgs. (aprox.)
    1 quintal = 100 libras
    1 montón = 30 quintales (aprox.)

[71] Gil Barragán, pp. 37-38.
[72] Gil Barragán, pp. 42-43.

232

cana" y trece barriles y medio de magistral, lo cual sumaba veinte pesos con un real y tres cuartos. En cambio, por el método de Gil, se empleaban veinticuatro arrobas de sal de mar y dos barriles de magistral, lo que arrojaba un total de veinticinco pesos.[73] La diferencia en contra del nuevo invento era de cuatro pesos con seis reales y cuarto. Sin embargo, existía una distinción fundamental señalada oportunamente por Gil, y era que la sal empleada en las tinas de molinetes podía reciclarse y utilizarse en otros montones de metal, mientras que las cantidades de sal utilizadas en el método de patio

> ...las perdemos —dice Gil— en el mismo acto que se las ministramos a los montones, de tal manera que jamás podemos volver a usar de ellas, como que una vez disueltas en la masa común de los montones, el día de la lavada se van a el río abajo sin tener más uso de ellas y sin poderlo remediar.[74]

En cambio, por el nuevo invento, se extraía el agua salada de las tinas al terminar el proceso y se almacenaba en un tanque dispuesto al efecto, de tal forma que, después de retirado el mineral amalgamado de las tinas, se volvía a utilizar en los nuevos montones listos para ser procesados. Gil cuantificó la sal contenida y la susceptible de ser reciclada y dedujo que veinticua-

[73] Los precios unitarios utilizados son los siguientes: Una arroba de sal de mar costaba un peso, una arroba de sal mexicana costaba tres reales, un barril de magistral costaba cuatro reales, una libra de mercurio costaba cuatro reales. (Ribera Sánchez, pp. 34-37.) Aquí pormenoriza los costos de operación de cada uno de los cuatro montones tratados por el método de "patio".

[74] Gil Barragán, p. 45.

tro montones agotaban veinticuatro arrobas de sal
marina, lo que equivalía a una arroba de sal por montón.[75] Este valor obviamente desplomaba los costos de
materia prima del nuevo método respecto del tradicional, de tal forma que sólo en el renglón de la sal la
diferencia a favor de la máquina de Gil era, en números redondos, de dos pesos por montón, ya que, según
el método de "patio", el costo de la sal ascendía a tres
pesos con un real y un grano por montón, en tanto
que, de acuerdo con el cómputo anterior hecho por
Gil, su invento consumía sólo un peso de sal por montón gracias a los reciclos del agua salina.[76] Haciendo
un cálculo similar al realizado anteriormente con los
repasos, Gil estimó que cuatrocientos montones procesados quincenalmente ahorraban ochocientos pesos, o
sea 1 600 pesos mensuales y 19 200 al año. En cuanto
al magistral, el mismo cálculo daba figuras aún mayores, ya que la diferencia entre ambos procesos era favorable al de Gil en cinco pesos seis reales por montón, lo que representaba un ahorro anual, sobre la base
de cuatrocientos montones por quincena, de 55 200
pesos.[77]

[75] Gil Barragán, p. 48.

[76] Gil Barragán, pp. 46-48. La idea de reciclar el agua salina
era bastante útil ya que en ella iban incorporadas en forma de
solución diversas substancias (sales de cobre y hierro) que activaban ventajosamente los sucseivos procesos. Sin embargo, el
método de Gil estipulaba la adición periódica de sal a las tinas
mezcladoras a efecto de compensar la sal consumida en forma
de cloruros. Los peritos que calificaron a Gil, entre ellos Ribera, no ocultaron su sorpresa al ver que aprovechaba el agua
salina del proceso anterior y no incorporaba más que una reducida cantidad de sal nueva para sustituir la sal consumida.

[77] Gil da por error la cifra de 57 500 pesos.

234

El azogue también proporcionaba cifras de ahorro satisfactorias, ya que el método de "patio" consumía veintidós libras por cada cuatro montones, mientras que el de Gil había utilizado solamente siete libras con nueve onzas y media, lo que arrojaba una diferencia de siete pesos con un real y medio a favor de este último. Restando un real y medio a este valor, por lo imponderables y las eventualidades en el suministro regular del mercurio, se obtenían siete pesos de ahorro neto por cada cuatro montones. Extrapolando esta cifra a los cuatrocientos montones quincenales se alcanzaba un ahorro anual de 16 800 pesos, lo que equivalía a 33 600 libras anuales de azogue.[78] El ahorro se tornaba más significativo todavía si se consideraban los demás reales mineros del virreinato, lo que a la postre repercutiría en un gran beneficio para el ramo de la minería. En este sentido las reflexiones de Gil resultan ilustrativas ya que, según él, si se llegara a introducir su máquina en Guanajuato, Zacatecas, Bolaños, Catorce y demás centros mineros del reino, el ahorro en el consumo de azogue sería "de tanta consideración que no tiene guarismo la cantidad de pesos que se van a ahorrar en el tiempo de un año". Este factor serviría además para estimular cada vez más la minería del virreinato. Al efecto se preguntaba:

A pocos años ¿qué concepto podremos formar de el estado en que estará nuestra minería? De manera que esta economía de el azogue tiene dos resortes, uno en pro y otro en contra. El favorable es de nuestra España, porque aquella cantidad de azogue que se consume

[78] Gil obtiene por error la cifra de 20 625 pesos, lo que equivale a 41 250 libras de azogue.

menos es la que dejará de comprarle nuestro católico a los alemanes, que para ellos resulta en contra de sus estados, y esta misma cantidad de pesos que dejan de. percibir les disminuye sus ideas a el tiempo mismo que nosotros florecemos.[79]

En suma, el ahorro en gastos de operación y materias primas representado por el invento de Gil para los reales mineros situados en el área de Pachuca y Real del Monte ascendía a 129 600 pesos anuales.[80] Gil propuso que dicha cantidad fuera utilizada como un "avío anual" destinado a desaguar minas inundadas, colar socavones y practicar tiros de ventilación. Además, afirmó que el descenso en el comercio del magistral y de la sal debido a la introducción de su invento en los reales mineros no era comparable a lo que la minería ganaba y ahorraba al ponerlo en práctica. A este respecto afirmaba:

A más que el primero [*el magistral*] tiene su consumo, convirtiéndolo en cobre para el rey, que compra cuanto se le vende y lo paga a un precio ventajoso, y el segundo [*la sal*] es de poca monta, y siendo cierto como lo es que cuanta más plata rinda la minería tan-

[79] Gil Barragán, p. 58. El problema del ahorro de azogue también preocupó a Alzate, quien en varias ocasiones abordó el tema Este sabio atribuyó la pérdida de esta materia prima a "la demasiada frotación" que se daba a los "montones" de mineral en los repasos. Para solucionar este problema propuso mezclar arena a los "montones" de mineral, "para que el azogue en virtud de las leyes de la naturaleza logre la facilidad necesaria para unirse a la plata". Alzate, *op. cit.*, iv, pp. 369-372.

[80] Este valor difiere del de Gil en 6 125 pesos menos, debido a los dos valores equivocados que obtuvo para el magistral y para el azogue. *Vid. supra*, notas 77 y 78.

236

ta más moneda se acuñará, resulta por precisión a beneficio de todos los que comercian, como que la felicidad de éstos consiste en las monedas que son el alma de todos los tráficos de el mundo.[81]

El argumento fundamental que Gil esgrimía a favor de esta tesis era el del rendimiento de plata logrado con su máquina y que resultaba superior al obtenido con el beneficio de "patio". Los rendimientos obtenidos por este método en tres de los cuatro montones de mineral (que era de baja ley) y que totalizaban 79 ½ quintales fueron, en cifras redondas, de quince marcos en total, o sea un 18.8 % del peso total del mineral, lo que representaba un rendimiento bajo ya que equivalía a onza y media por quintal.[82] En cambio, por el método de Gil se obtenían, también en tres montones de este mineral de bajo contenido en plata, dos onzas por quintal, lo que representaba un 25.06 % sobre el peso total del mineral procesado. El beneficio de la plata por el nuevo invento redituaba media onza de más por cada quintal, lo que según Gil equivalía a 6 718 marcos con seis onzas de plata anuales. Ahora bien, "a siete pesos cuatro reales que le que-

[81] Gil Barragán, pp. 54-55.

[82] Garcés y Eguía afirmó que para producir tres millones de marcos de plata había que procesar diez millones de quintales de mineral. (Garcés y Eguía, *op. cit.*, pp. 123 y 125; Brading, *op. cit.*, pp. 209-211.) Esto daba por resultado un valor estimado de dos onzas y media de plata por quintal, cifra que tanto Garcés como Humboldt consideraron baja. Este último estimó que el mineral extraído de La Valenciana, entre 1800 y 1803, que sumaba 720 000 quintales, había rendido 360 000 marcos de plata, o sea cuatro onzas por quintal, que no deja de ser un valor alto para el común de los minerales novohispanos. (Humboldt, *op. cit.*, III, p. 289.)

237

dan a el minero libres en cada marco, después de los derechos y demás gastos, componen 50 390 pesos cinco reales de *aumento* en la partida de platas".[83] El beneficio para los mineros era obvio ya que representaba el 15.64 % del valor de la plata extraída en 1791 en Real del Monte. En ese año fueron presentados al quinto real 42 939 marcos con seis onzas de plata, y de haberse seguido el beneficio "nuevo" esta cifra hubiera ascendido a 49 658 marcos con cuatro onzas, con el consiguiente beneficio para el quinto real.

Por otra parte, era evidente que el nuevo arbitrio ideado por Gil permitiría beneficiar metales que resultaban incosteables de procesar por el viejo método, ya que el considerable ahorro en tiempo y en materias primas compensarían el valor de la plata beneficiada. Así, menas con contenido de una onza de plata por quintal ya resultaban susceptibles de ser amalgamadas con ventaja, cuenta aparte de que la plata beneficiada entraría en circulación más prontamente, eliminando los costos de amortización que originaban los minerales inmovilizados durante dos o tres meses, como lo requería el método de "patio". Además, el proceso en las "tinas de molinetes" pondría en circulación el azogue que los mineros acaudalados almacenaban previsoramente, ya que la rapidez del procedimiento requería un consumo mayor de mercurio, lo que no quería decir que en un momento dado éste resultara insuficiente pues, como en el caso de la sal, el azogue también tenía un alto índice de recuperabilidad, mayor que el obtenido con el sistema tradicional.[84]

A fines de noviembre de 1791, los experimentos con

[83] Gil Barragán, pp. 66-67.
[84] Gil Barragán, pp. 58-63.

238

la "máquina de molinetes" habían tocado a su fin, mostrando, más allá de toda duda, su superioridad sobre el beneficio antiguo. Los ahorros en el gasto de operación, y en el costo de las materias primas, sumados al aumento en las utilidades por el mayor rendimiento de plata, ascendían a 179 990 pesos anuales, para los reales situados en la zona de Pachuca, según el siguiente cálculo:

Resultados (pesos)[a]

AHORRO EN COSTOS (ANUAL)		
Gastos de operación		38 400
Materias primas	Sal	19 200
	Magistral	55 200
	Azogue	16 800
Subtotal		129 600
AUMENTO EN UTILIDADES (ANUAL)		
Diferencia en el rendimiento de plata		50 390
TOTAL		179 990

[a] Cada partida fue calculada con base en cuatrocientos montones procesados quincenalmente en Pachuca, Real del Monte, El Chico, Capula y Santa Rosa. (De hecho estas dos últimas estaban comprendidas dentro del distrito de Atotonilco el Chico. *Vid.* Charles B. Dahlgren, *Minas históricas de la República Mexicana*, México, Oficina Tipográfica de la Secretaría de Fomento, 1887, pp. 198-202.)

Este valor justificaba por sí solo la adopción del procedimiento; sin embargo, por diversas causas que expondremos a continuación, los mineros novohispanos que lo conocieron y se interesaron en él sólo hicieron un uso pasajero del mismo, ya que a pesar de las pruebas que realizaron y de que resultaron satisfactorias continuaron con sus técnicas habituales.

Desde principios de 1790, o sea por las fechas en que Gil comenzaba a construir el diseño ya modificado de la máquina primitiva, varios mineros quisieron verla trabajar y realizar pruebas con ella. Manuel Ortiz, del real de Sultepec, hizo experimentos con metales de baja ley y "difíciles de beneficio", y convencido de sus rendimientos la introdujo temporalmente en sus minas con la autorización de Gil, llegando a lograr "dos tantos más de ley" de la que obtenía habitualmente. Este "arte de molinete", como llegó también a llamársele, fue llevado con buenos resultados a Oaxaca por Juan de Molina. Las pruebas realizadas por Francisco Rodríguez Flores, con mineral totalmente incosteable de su mina de Santa Rita, dieron resultados también positivos ya que logró obtener dieciocho marcos por cada cien quintales de mineral, en tanto que por el método de "patio" sólo alcanzaba los seis marcos por el mismo volumen de mineral. Carlos Flores, "rescatador y beneficiador" del real de Zacualpa, hizo pruebas con mineral de la mina de Santa Isabel que, por el método de fundición, le rendía tres marcos por carga, y obtuvo la misma cantidad con la nueva máquina pero con menos costo de operación sobre todo en combustibles. En otros reales aledaños al del Monte las pruebas con la máquina ya perfeccionada dieron resultados semejantes y aun mejores. Nicolás de Córdoba, administrador de las minas de Pachuca, que obtenía quince marcos de plata por montón de treinta quintales, logró mejorar esta cifra y obtuvo cincuenta marcos por montón de igual peso, lo que representaba sin duda un rendimiento superior inclusive al de La Valenciana. En la mina de El Encino, Mariano Tello triplicó de siete a veintiún marcos sus rendimientos por montón de treinta quintales. Otros mineros como José Belio o Francisco Rodríguez Bazo también lograron mejoras al adoptar el procedimiento. En la mina de Todos los Santos lograron incrementar sus rendimientos en un treinta por ciento y en las de la "gran compañía", que producían minerales de difícil beneficio que requerían un tratamiento previo de "desmineralización", llegaron a obtener cinco marcos por partida. En la mina de Cabrera, que pertenecía a la empresa minera de la sierra de El Nopal, que era donde Ribera trabajaba y que producía "metales rebeldes y muy delicados en su beneficio", se obtuvieron cinco marcos con cinco onzas por montón.[85] En suma, si hemos de dar crédito a todos estos testimonios, y a otros más que dejamos de lado aportados por Gil para demostrar la eficacia de su invento, es obvio que debieron de existir fuertes razones para que no fuera adoptado permanentemente, sobre todo si consideramos que era la única forma viable en que el funcional método de Börn podía ser introducido en México, ya que, como Gil señaló diez años antes de que Humboldt lo hiciera, era más fácil encontrar fuerza motriz para hacer girar los molinetes de las tinas —que en su funcionamiento eran similares a las arrastras o atahonas comunes— que procurarse los combustibles necesarios para la fundición en un

[85] Gil Barragán, p. 76.

país donde las minas se hallaban en llanuras o cañadas desprovistas de bosques. Este factor, que eliminaba el principal obstáculo, favorecía que se adoptara el método de Gil, que prescindía de la tostación y que sólo requería de fuerza motriz constante.

El corolario de todo esto fueron las pruebas realizadas por los peritos comisionados por el virrey y el Tribunal de Minería, que sancionaron oficialmente el invento y confirmaron de hecho las obsoletas tesis científicas de Ribera que explicaban su funcionamiento. O sea que, desde los puntos de vista de la ciencia, de la técnica y de la economía, el "artificio de los molinetes" funcionaba, y si no tuvo el éxito necesario para ser aplicado en escala industrial no fue porque se hubiera tratado de uno más de esos inventos producto de la imaginación y de la fantasía que menudearon en el siglo XVIII novohispano. Su fracaso atendió a otras causas.

La primera y probablemente la de mayor peso fue el proverbial temor de los mineros a las innovaciones, cuyo argumento básico fue parafraseado con sarcasmo por Gil: "Yo no me meto en cosas nuevas", decían, según él, los mineros, "porque mis antepasados me dejaron en esta costumbre, y yo no quiero salir de lo que ellos me enseñaron".[86] Aparte de esta tradicional resistencia hemos de considerar que los mineros debieron desconfiar tarde o temprano, de un invento que sabían derivado del de Börn, al cual habían visto fracasar. El hecho de que Revillagigedo, al final, le retirara su apoyo con base en el dictamen del Tribunal, pudo ser otro factor determinate. Por último, el invento

[86] Gil Barragán, p. 41. *Vid. supra*, nota 13.

de Gil tuvo que enfrentarse desde el principio con varios opositores que cuestionaron su efectividad. Así lo manifiesta este autor cuando dice:

> Este proyecto tuvo desde sus principios varios antagonistas, no sé si por emulación o por fines particulares. Lo cierto es que, a los partidarios de los extranjeros, no les cuadra que nuestra nación española lleve adelante los incrementos florecientes de nuestros proyectos, porque sólo ellos quieren saber, sin saber que también en Nueva España hay entendimientos e industria como en todas las partes del mundo.[87]

Habían de pasar más de treinta años para que, después de la independencia, James Vetch, de la Compañía Inglesa de Real del Monte, propusiera introducir ahí el método de barriles de Börn,[88] sin saber que, entre 1789 y 1792, se había llevado a cabo una valiosa tentativa para poner en práctica la única variante de dicho proceso que podía operar dentro de las condiciones reales de trabajo de la minería mexicana.

[87] Gil Barragán, pp. 65-66.
[88] Phillips, *op. cit.*, pp. 279-287; R. W. Randall, *Real del Monte. Una empresa minera británica en México*, Fondo de Cultura Económica, México, 1977, p. 135.

ÍNDICE

245

246

Este libro fue impreso y encuader-
nado en empresas del grupo Fondo
de Cultura Económica. Se terminó
de imprimir el 14 de septiembre de
1984 en los talleres de Lito Ediciones Olimpia, Sevilla 109, 03300
México, D. F Se encuadernó en En-
cuadernación Progreso, Municipio
Libre 188, 03300 México, D. F. El
tiro fue de 50 mil ejemplares.

Diseño y fotografía de la portada:
Rafael López Castro.

En nuestros días son muchas las personas que pueden descubrir la belleza en la perfección de un cálculo matemático o en la maquinaria que pueda derivar de él. Esta mirada es capaz de encontrar, por ejemplo, que un avión DC-3 es una suerte de Mona Lisa mecánica en el creciente número de aparatos de todo tipo que pueblan ya nuestro mundo. El

filósofo inglés David Hume (1711-1776) negaba enfáticamente que pudiera darse una estética del razonamiento científico: "Euclides ha explicado completamente toda cualidad del círculo —apunta en sus ensayos—, pero en ninguna de sus proposiciones dijo una palabra sobre su belleza."

Más de un siglo antes el casi olvidado científico fray Diego Rodríguez (c. 1596-1668), natural de Atitalaquia, población del actual estado de Hidalgo, había conciliado la razón científica con la artística cuando escribió: "El volumen del mundo, es decir el Universo todo con sus orbes y esferas musicales, sólo puede ser concebido y conocido como imagen nuestra." Acaso en este momento, dice Elías Trabulse, el geómetra abdicó ante el poeta.

Trabulse descubrió su vocación de historiador cuando había ya cursado una carrera científica. Así, su formación lo ha llevado a dedicar buena parte de su labor a hacer la historia de la ciencia y la tecnología en México, tarea laboriosa cuya principal manifestación hasta ahora ha sido la publicación por el Fondo de Cultura Económica de su monumental *Historia de la ciencia en México*.

El círculo roto reúne ensayos sobre temas histórico-científico aparecidos antes en diversas publicaciones, que ahora han sido ...inas